乌梁素海生态系统健康指标体系构建与评价

李 兴 著

吉林出版集团股份有限公司

全国百佳图书出版单位

图书在版编目（CIP）数据

乌梁素海生态系统健康指标体系构建与评价 / 李兴
著. -- 长春 : 吉林出版集团股份有限公司, 2022.9
　　ISBN 978-7-5731-2548-4

　Ⅰ.①乌… Ⅱ.①李… Ⅲ.①淡水湖—水环境—生态
系—水环境质量评价—乌拉特前旗 Ⅳ.①X143

中国版本图书馆CIP数据核字(2022)第189161号

乌梁素海生态系统健康指标体系构建与评价
WULIANGSUHAI SHENGTAI XITONG JIANKANG ZHIBIAO TIXI GOUJIAN YU PINGJIA

著　　者　李　兴
责任编辑　李婷婷
开　　本　710mm×1000mm　　1/16
字　　数　100千
印　　张　7
版　　次　2023年9月第1版
印　　次　2023年9月第1次印刷
印　　刷　北京厚诚则铭印刷科技有限公司

出　　版　吉林出版集团股份有限公司
发　　行　吉林出版集团股份有限公司
地　　址　吉林省长春市福祉大路5788号
邮　　编　130000
电　　话　0431-81629968
邮　　箱　11915286@qq.com
书　　号　ISBN 978-7-5731-2548-4
定　　价　56.00元

内容简介

近几十年来的经济进入快速发展时期，处处彰显出人类利用自然、改造自然的特殊痕迹，造成了不合理的水土资源开发利用，人类活动深刻影响着湖泊生态系统的变化。湖泊生态系统为人类生存、社会经济发展提供了重要物质基础和保障。生态系统健康评估作为一门新兴的研究领域，不仅能诊断水域健康状况，还能为湖泊水环境治理提供数据支撑。由于多年来人类活动干扰剧烈，造成生态环境日益严峻，湖泊水质恶化、富营养化程度加剧、水华现象暴发和湖泊景观功能受损等一系列环境问题，对社会经济发展和人们身体健康造成极大的危害。

本书以乌梁素海为研究对象，采用 2015 年至 2019 年生态环境数据，从水文、物理、化学、生物和社会服务功能 5 个方面，运用主成分分析和相关性分析方法筛选出具有独立性和显著性的评价指标，构建乌梁素海生态系统健康评价指标体系，并通过组合赋权法计算各评价指标权重，然后根据综合健康指数对乌梁素海生态系统健康状况进行评价；通过对湖泊生态系统健康状况的研究，摸清了乌梁素海湖泊近年来生态变化规律和健康状态，从而为更有效地提升湖泊的降解和净化功能，改善湖泊水体的水质和富营养化状态，加强湖泊治理针对性等方面提供关键依据。此项研究不仅为保护与修复乌梁素海湖泊健康的实践活动提供技术支撑，同时还对其他同类型区域湖泊生态系统健康评价具有借鉴意义。其研究成果如下：

①通过水质综合污染指数和综合营养状态指数模型得出乌梁素海水环境质量结果为：乌梁素海 2015 年至 2019 年水质污染指数分别为 1.473、1.239、1.151、1.202、0.938，水环境质量呈上升趋势，2019 年乌梁素海湖泊水质已达到水环境质量Ⅳ类综合水质类别。2015 年至 2019 年乌梁素海

湖泊综合营养状态指数分别为 70.433、67.096、65.835、61.677、58.858，从 2015 年至 2019 年水质变化角度可知，乌梁素海湖泊营养状态由重度富营养化到中度富营养化再转为轻度富营养化，富营养化程度整体呈现逐年下降的趋势。

②鉴定出浮游植物 7 门 78 属 185 种，其中绿藻门 34 属 70 种，硅藻门 25 属 64 种，蓝藻门 12 属 31 种，裸藻门 4 属 15 种，甲藻门 1 属 3 种，金藻门和隐藻门各 1 种。乌梁素海浮游植物密度表现出季节性和区域性。整体上，2018 年浮游植物密度高于 2019 年浮游植物密度。研究期间乌梁素海共鉴定优势种 5 门 19 属 32 种，其中 2018 年鉴定优势种 4 门 16 属 25 种，2019 年鉴定优势种 5 门 19 属 31 种。春季、夏季和秋季以硅藻门、蓝藻门、绿藻门为优势种，冬季以硅藻门和绿藻门为优势种。研究期间各采样点 Shannon-Wiener 多样性指数范围为 1.252 ~ 4.629，Margalef 丰富度指数范围为 1.061 ~ 4.921，Pielou 均匀度指数范围为 0.637 ~ 0.956。

③在压力—状态—响应（PSR）模型的基础上，以乌梁素海生态系统健康评价作为目标层，以水文水资源、物理、化学、生物和社会服务功能作为准则层，通过主成分分析和相关性分析筛选出 14 个评价指标作为指标层，在此基础上，构建了乌梁素海生态系统健康评价指标体系。

④通过分析 14 个评价指标的内涵和计算方法，对评价指标进行量化分级，根据评价标准对各指标进行赋分，根据《河湖健康评价指南（试行）》中的要求并结合乌梁素海的实际情况，将乌梁素海生态系统健康状况分为 5 个等级，包括非常健康、健康、亚健康、不健康和病态。

⑤在构建的乌梁素海生态系统健康评价指标体系中，对各评价指标进行归一化处理，并利用组合赋权法计算出各评价指标的权重，通过湖泊综合健康指数得到乌梁素海生态系统健康赋分值，最终得到 2015 年至 2019 年乌梁素海湖泊健康赋分值分别为 34.33、35.49、40.49、42.74、48.21，分别处于不健康、不健康、亚健康、亚健康和亚健康状态。乌梁素海整体健康水平呈现逐渐上升的趋势，说明近年来对乌梁素海水环境的治理和修复取得了一定的效果，但影响湖区生态系统健康的因素尚未得到根本治理，隐患仍然存在。

前　言

近 50 年来，中国社会经济处于快速发展的时期。在该时期国民经济收入水平提高，但资源、社会经济与环境问题之间的矛盾，不断积累了众多环境问题，为了更好满足人民日益增长的美好生活需要，为了更好建设人与自然协调发展的美好家园，也为了更好地打造生态文明高地，落实生态文明建设要求，中国政府明确了贯彻人与自然和谐共生相处的生态文明思想，牢固树立了绿水青山就是金山银山的理念，坚决扛起生态环境保护责任，助力生态和经济高质量发展，坚定不移地走生态优先、绿色低碳发展的道路。湖泊流域作为一个与人类发展共生的自然地理单元，其内部各个自然环境要素和人类生产活动存在着密切的联系，很多湖泊流域环境问题往往具有典型的自然流域特点和人类活动影响的特征。因此，在解决湖泊流域生态环境问题时，需要从湖泊流域自然整体性以及影响湖泊流域生态环境的多生源要素等多角度出发，结合规章制度和管理机制，系统科学地解决湖泊流域生态环境的问题。在解决湖泊流域生态环境问题之前，需要摸清湖泊流域自然条件和人类活动影响现状，从化学完整性、物理完整性、水文完整性、生物完整性和社会服务功能的完整性等角度出发，建立湖泊生态系统健康评价体系与湖泊流域管理对策，不仅对湖泊流域生态环境保护具有重要的理论指导意义，也对湖泊流域生态环境治理提供了借鉴和参考。

湖泊健康是指湖泊自然生态状况良好，同时具有可持续的社会服务功能。自然生态状况主要包括湖泊的化学、物理、生态等几个方面。可持续的社会服务功能是指湖泊不仅具有良好的自然生态状况，而且具有可持续为人类提供社会服务的基础和能力。湖泊健康工作不仅是一项极其重要和紧迫的工作，也是一项具有很大挑战性的科学技术工作。湖泊健康评估指标、标准和方法涉及科技问题、技术难点、时空数据的积累和监测等多种问题。湖泊健康评估就是为了在了解湖泊生态状况的基础上，掌握导致湖泊健康出现问题的原因，明确湖泊健康变化规律，确定湖泊生态保护及修复的目标，制定湖泊健康管理对策。

湖泊健康评价是一项系统工程，按照生态系统结构完整性、生态系统抗扰动弹性、社会服务功能可持续性指标体系进行综合评价，能够反映湖泊健康总体状况，也可以采用某一指标进行单项评价，进而反映湖泊该方面的健康水平。在此条件下有助于快速辨识问题，及时分析原因，帮助公众了解湖泊真实健康状况，为河湖管理部门履行河湖保护管理职责提供参考。

内蒙古乌梁素海属于内蒙古"一湖两海"中的一员，具有冰封期长、冰层厚、污染重等典型寒旱区湖泊的特征。湖泊冰封期与非冰封期不断更替，水体环境特征处于不断变化的过程中，湖泊水体污染物质持续处于分配和交替状态。将冰封期和非冰封期乌梁素海的自然地理、社会环境、服务功能等差异性特征综合起来，构建乌梁素海生态系统健康指标体系，开展乌梁素海的生态系统健康评价工作，能够更完整、更全面地评价乌梁素海的生态健康状况。

本书以乌梁素海为研究对象，选取5年的生态环境数据，客观评价了乌梁素海湖泊健康状况。本书共分为8个部分，第一部分绪论，第二部分研究区域概述及研究方法，第三部分乌梁素海生态系统水质评价，第四部分乌梁素海浮游植物群落特征，第五部分乌梁素海健康评价指标体系构建，第六部分乌梁素海生态系统完整性评价，第七部分乌梁素海综合健康评价，第八部分研究成果。由于作者水平有限，尚存在不完善之处，在此，恳请各位专家、老师及同仁们提出宝贵的指正意见。

目　录

第1章 绪论

1.1 选题背景

1.1.1 选题条件

湖泊作为独特的地表水资源，对人类的生产生活具有重要意义，同时也是各种生物赖以生存的重要资源，对涵养水源、洪水调蓄、农业灌溉和改善区域生态环境和保护生物多样性等生态服务功能方面发挥重要作用[1]。中国湖泊众多，其中面积在 $1km^2$ 以上的天然湖泊就有 2800 多个[2,3]。湖泊是我国社会经济持续发展和国家稳定的重要保证，同时沿湖流域也是我国经济、社会最为发达的区域，我国三分之一的粮食产量和工业生产总量均出自于湖泊流域[4]。随着社会经济以及工业产业的快速发展，对水资源开发利用逐渐加大，导致各湖泊普遍出现了不同程度的污染，如水质恶化、水体富营养化，水文结构改变等多种问题，水生态系统完整性遭到严重破坏。人类对于湖泊无节制的开采和利用会影响湖泊生态系统的平衡机制，使得湖泊生态系统发生严重退化，造成湖区部分生态功能衰退或丧失[4]。当前中国湖泊水质污染问题严重，据 2019 年《环境状况公报》统计显示，属Ⅱ类水质的湖泊为 5 个，属Ⅲ类水质的湖泊为 11 个，其余均为Ⅳ至劣Ⅴ类，大约有 80% 以上的湖泊受到污染。

内蒙古自治区境内湖泊总数量达 1000 多个，且湖泊均属于蒙新高原湖区。调查显示，内蒙古天然湖泊水资源总储量约为 $190 \times 10^8 m^3$，占全区水资源总量的 37.3%。内蒙古境内湖泊类型多样、点多面广，主要代表性湖区有乌梁素海、呼伦湖、贝尔湖、查干诺尔湖、居延海、岱海等[5]。

其中，乌梁素海是内蒙古湖泊水质恶化和富营养化最为严重的草—藻型湖泊，同时乌梁素海作为内蒙古自治区生态安全屏障最为重要组成部分之一，生态功能极其重要[4,6]。河套灌区作为我国最古老灌区之一，已有2000多年的历史。20世纪70年代，政府开始重视河套水利的发展，历经引水、排水等阶段，建造了红圪卜排水站，并打通了乌梁素海至黄河的出口，开通了各级排水沟道[6]。而乌梁素海是1850年黄河改道和河套水利开发形成的河迹湖，位于河套灌区末端，承接了灌区大部分的生活污水、工业废水和农田排水，同时也肩负着黄河水量调节、净化水质和防凌防汛的重要任务，堪称"生态之肾"[7,8]。乌梁素海独特的自然条件优势使得湖区内生长了大量的芦苇和鱼类，且为湖区内鸟类提供了良好的栖息地，因此乌梁素海的健康状况对湖区内珍稀候鸟、渔业生产、生态环境以及周边社会经济的可持续发展具有重要意义。

随着社会不断进步以及工业化、城镇化的快速发展，乌梁素海的污染日渐加重。2008年乌梁素海污染达到了最为严重的时期，由于黄河补水量有限、降雨量少、蒸发量大等问题，湖区暴发了大面积"黄苔"，引起国家的高度重视[7]。从2009年以来，巴彦淖尔市积极推进乌梁素海污染治理防控力度，实施乌梁素海生态保护与修复工程；在2010年至2016年，不断推行各种相关政策规定，进行水污染治理项目、采取水污染防治管理措施等，2015年2月，中央政治局常务委员会会议审议通过《水污染防治行动计划》，其核心内容为改善水环境质量，减少污水水体数量，对于污染严重的区域要坚决进行治理，对水质较好区域要坚决保护；2016年11月，国务院印发《"十三五"生态环境保护规划》，要求"落实绿色发展理念，推进生态文明建设的内在要求，完善水治理体系"。目前，乌梁素海生态环境已经有明显的改善，水环境质量也有所提高。2021年，国家发政委印发了"十四五"重点流域水生态环境综合治理规划，要求"强化河湖长制，加强大江大河和重要湖泊湿地生态保护治理"。该文件将重点流域规划名称由"水污染防治"调整为"水生态环境保护"，说明水环境治理已有显著成效，但对乌梁素海生态环境保护新问题、新情况的研究考虑仍有欠缺，项目针对性不强，乌梁素海生态环境问题目前仍是重点关注的问题。2022 年，"十四五"重点流域水生态环境保护规划实现了良好的开局，同时开启向第二个百年奋斗目标进军的新征程，把祖国北部边疆风景线打造得更加亮丽，奋力书写新时代内蒙古高质量发展的新篇章。

1.1.2 选题意义

湖泊的形成和演化不仅会受到流域自然环境影响，还受人类活动的干扰和破坏[3]，湖泊恶化也会对人类健康和流域内水生生物造成不利影响。因此想要实现湖泊合理开发和利用，更加需要掌握和了解湖泊健康状况，并从多角度揭示湖泊受干扰状况的成因，通过对湖泊生态系统健康状态进行系统的、全面的、综合的评价，科学、准确地了解湖泊生态系统健康状态的动态变化，提出对生态环境更有效的方法和易于管理的措施，从而实现湖泊生态系统与人类社会经济的可持续发展[6]。近年来，为保护乌梁素海的生态环境及维护生态平衡，我国在流域内实施了一系列管理和修复举措，并制定了相关保护条例及管理规定，推进生态文明建设。虽然已有学者对乌梁素海湖泊的生态系统健康状况做了评价研究，但这方面的研究多集中在乌梁素海或其他局部区域，而对整个乌梁素海生态健康的研究却很少，且缺乏对乌梁素海生态系统全方位的长时间序列方面的研究。同时，乌梁素海具有典型的寒旱区湖泊特征，冰封期时间长、冰层厚、流量小，冰封期湖泊水体环境和非冰封期湖泊水体环境存在显著差别[8]，冬季水体冻融过程对全年水质整体生态系统评价产生一定影响，因此在湖泊生态系统研究中加入冻融过程的水质指标，能够更为符合乌梁素海寒旱区气候条件的特征，能更完整、全面地评价乌梁素海生态系统健康状况。

本研究以乌梁素海作为研究对象，选取 5 年生态环境数据指标对水文、物理、化学、生物和社会服务功能 5 个方面的特征进行研究，运用主观和客观组合赋权法构建乌梁素海健康评价指标体系，客观评价了乌梁素海湖泊健康状况，摸清了湖泊生态系统的功能，掌握了湖泊生态系统的内部结构，同时了解了乌梁素海湖泊生态系统近年来生态演化规律；从而更好地从科学的角度制定出最优的治理措施，提高了湖泊治理针对性，有效地解决了湖泊生态系统存在的问题，为控制和改善乌梁素海湖泊水生态环境健康提供基础数据和科学依据，促进乌梁素海湖泊的可持续发展，同时也为其他类似地区的湖泊生态系统健康评价提供参考。

1.2　国内外研究进展

生态系统健康研究是 20 世纪 80 年代发展起来的一门新兴学科，属于一个较新的研究领域[1]。利奥波德（Leopold）在 1941 年首次提出"土地健康"的概念。1788 年，苏格兰生态学家詹姆斯·哈顿（James Hutton）提出"自然生态健康"这一名词，认为生态系统或整个地球被视为一个完整的巨型有机体，具有一定的调节和自我恢复能力，但却忽视了外界变化造成的一些不健康现象。从 20 世纪 70 年代开始，由于全球生态系统健康遭到越来越严重的破坏，"生态系统健康"这一概念受到各研究学者的关注，并出现了许多与之相关的探索和研究。20 世纪 80 年代，加拿大学者 Schaeffer[9]、Rapport[10] 提出了对生态系统健康的理解，认为健康的生态系统就是指一个可持续发展的生态系统和稳定的生态系统。该系统不仅能够维持系统的自我组织结构，而且具有对外部压力因素进行自我调节和自我恢复的能力。Constanza[11] 提出的生态系统健康被认为是最权威最广泛使用的，他认为生态系统具有以下特点：一是系统的稳定性，二是无病症，三是多样性或复杂性，四是稳定性或可恢复性，五是有活力或增长的空间，六是系统要素之间的平衡。20 世纪 90 年代，生态系统健康作为一门新兴的生态系统管理学科逐渐引起学者的关注，对其内涵和意义的研究逐渐增多。国外对于生态系统健康评价的研究最早起源于欧洲，当时欧洲的河流湖泊污染严重，引起了当地政府的关注，Smith 等[12] 利用物理和化学指标对河流生态系统进行健康评价。Karen M 等[13] 通过大型无脊椎动物完整性指数和鱼类生物完整性指数研究了哈德逊河两条支流的长期生态变化。Douglas D 等[14] 开发浮游生物完整性指数（P-IBI）来衡量湖泊生态系统健康的变化。Dave 等 [15] 通过物理、化学等指标评估韦纳恩湖生态系统健康的状况。经过几十年的生态修复和管理，生态系统健康评价应用得到了重点关注，也取得了良好的成效，许多数学方法得到广泛应用与发展 [16]。Ladson 等 [17] 运用河流状况指数构建河湖健康评价指标体系，从而对河流健康状况进行综合性评价。Sheldon 等 [18] 构建基于鱼类、大型无脊椎动物、水质、社会功能等四个指标评价体系，评价澳大利亚昆士兰河流生态系统健康状况。

国外对于生态系统健康的研究较早，并在一些西方发达国家得到了广泛的应用。由于生态系统健康评价研究领域较为新颖，生物监测法、指标体系法、健康距离法等研究方法也尚未成熟，许多学者在自己研究的基础上提出了相应的研究方法，并从多角度、多方面对湖泊生态系统进行深层次研究，且国外多选用生态指标来评价湖泊生态系统的健康状况 [19,20]。

我国对于生态系统健康的研究起步较晚，肖风劲等 [21] 首先从生态学、经济学和人类健康等方面提出满足健康状态生态系统的条件：一是对外界环境产生的负面影响具有抵抗能力和恢复能力，二是结构和功能都具有稳定性且不会对其他系统构成威胁，三是具备经济可行性，四是能够有效维持系统内生物群落的健康，五是不受风险因素的影响。徐国宾等 [22] 引入信息熵的概念，构建了量化模型对白洋淀湖泊生态系统健康发展进行评价，对指标性质和熵流方向进行识别，评价得出白洋淀湖泊生态系统整体处于亚健康状态。蔡琨等 [23] 应用生物完整性理论和方法，获得 P-IBI 指数的 6 个构成参数对太湖划分健康评价标准，最终对太湖湖区进行评价。随着人们对湖泊河流生态系统的深刻理解，湖泊健康的含义逐渐从物理、化学指标扩展到社会、经济以及文化因素和生态文明等方面，而湖泊生态系统的演变也进一步向人类社会服务功能的方向发展 [16]。许文杰等 [24] 建立了压力—状态—响应（PSR）框架模型的指标体系，并将信息熵（IE）理论引入，确定了城市湖泊生态系统健康评价模型，对山东省东昌湖生态系统健康状况进行了评价。张峰等 [25] 基于人地和谐发展方面构建驱动力—压力—状态—影响—管理（DPSIRM）模型，采用健康距离法和层次分析法建立了湖泊健康评价体系，结果显示南四湖总体健康处于较健康水平。李蕊蕊[26]对湖泊型风景名胜区生态系统健康进行评价研究，将生态系统健康理论与湖泊型风景区可持续发展相结合，并借助 PSR 模型对安徽省龙须湖风景名胜区构建生态系统健康评价指标体系，对其生态系统健康整体状况进行综合评估。

目前，我国还没有形成针对湖泊生态系统健康状况的较为成熟的评价体系，生态系统健康评价研究至今仍没有明确的定论。但随着科学的发展和进步，其内涵逐渐成熟并不断丰富和发展，学者们不断探索更加科学可行的理论和方法，根据湖泊自身实际情况和湖泊特征，结合生态学、经济学、环境学和社会学等学科，使得流域生态系统健康评价研究得到进一步发展[2,27]。

总体来看，对于生态系统健康评价的研究最早源于美国，研究学者们首先考虑的研究方法大多基于湖泊生态系统的自然属性，随着社会进步和发展，增加了社会服务功能的因素，逐步从传统的理化参数评价向生物监测、综合评价等方法发展。国内关于湖泊生态系统健康的研究始于 2002 年左右，主要通过借鉴国外成熟的理论、方法，对湖泊生态系统健康进行有目的、全面系统的评价，但缺乏结合国内实际情况的研究和探索[28]。对于湖泊生态系统健康评价，不但要考虑生态系统的指标体系，还要考虑人为因素影响的指标体系，针对不同监测对象和地点建立适当、全面的生态系统健康评价体系[6,19]。近年来，国内多应用综合指标法评价湖泊生态系统健康，该方法综合了物理、化学、生物、水文和社会经济等多种指标，能够反映不同情况的信息，也是未来湖泊生态系统健康评价的重要手段[29]。2010 年水利部发布《全国重要河湖健康评估（试点）工作大纲》，2020 年水利部印发《河湖健康评价指南（试行）》以及水利部批准发布《河湖生态系统保护与修复工程技术导则》（SL/T800—2020），说明国家对于开展湖泊生态系统健康评估工作的重视，但对各评价指标的选择和量化标准等尚未完善，仍需进行大量的生态系统健康评价工作研究。

1.3 选题过程及内容

本书涉及论文以内蒙古乌梁素海为研究对象，通过对前期开展的实地调研收集的数据资料和学术资料进行整合、归纳并结合乌梁素海湖区生态环境特征，筛选出对乌梁素海生态系统具有显著性和独立性的相关指标，通过卫星遥感解译、湖区现场调查、水质监测以及 2015 年至 2019 年巴彦淖尔市社会经济统计等数据构建乌梁素海湖区生态系统健康评价指标体系，基于压力—状态—响应（PSR）模型与组合赋权法对湖区 2015 年至 2019 年生态健康状况进行评价与分析，得出湖区生态系统基本健康状况和未来发展方向。选题内容如下：

（1）乌梁素海水质评价

运用单因子水质评价指数、水质综合标识指数和富营养化综合指数方法对乌梁素海生态系统进行水质评价，分析其水质状态和湖泊营养状态，为构建乌梁素海健康评价体系提供数据支撑。

（2）浮游植物群落特征

基于现有资料和野外调查数据，分别从定性和定量的角度分析乌梁素海出现的所有浮游植物物种，确定浮游植物种类、密度和优势种群等基本特征。

（3）构建乌梁素海生态系统健康评价指标体系

从乌梁素海环境特点出发，结合国内外成熟的研究成果，分别对乌梁素海的水文、化学、物理、生物和社会服务功能 5 个方面开展野外调查采样，根据采集的评价指标数据和评价指标筛选原则以及乌梁素海水生态特征，构建乌梁素海生态系统健康评价体系。

（4）乌梁素海生态系统完整性评价

首先对最终筛选的评价指标进行赋分；然后，从乌梁素海湖泊生态完整性和社会服务功能完整性两方面出发，分析乌梁素海水环境变化特征；最后，综合评估乌梁素海生态系统健康状况。

（5）乌梁素海生态系统健康评价分析

运用组合赋权法确定各评价指标的权重，通过乌梁素海已有数据资料和调查研究结果确定各评估指标的现状值，基于 PSR 模型构建评价指标体系，分别对压力、状态和响应指标进行分析，探讨影响乌梁素海生态健康的主要因素以及其具有的指示作用[27]。采用综合健康指数法对乌梁素海湖泊健康状况进行评估，并对乌梁素海湖泊 2015 年至 2019 年生态健康状况分别进行时间序列上的生态健康特征研究，探讨乌梁素海生态健康改善或恶化程度[27]，分析乌梁素海生态环境问题产生的原因，掌握乌梁素海湖泊生态系统健康变化规律。

1.4　选题过程

本书涉及研究运用理论与实际方法相结合的方式，收集研究区域自然生态环境、水质指标、社会经济和管理措施等方面资料，通过对理化指标的检测完成水环境质量评价，综合反映乌梁素海水质状况，并分析研究区域近五年的乌梁素海的生态状况，在目标层、准则层、指标层三个层面构建乌梁素海生态系统健康评价体系，运用综合健康指数法对乌梁素海湖泊健康状态进行定量化评估，为乌梁素海湖泊生态环境演变和健康问题提供基础支撑平台和决策支持。

本研究拟定的选题路线如图 1-1 所示：

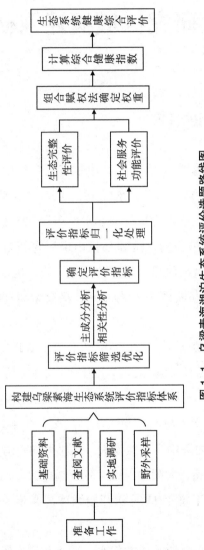

图1-1 乌梁素海湖泊生态系统评价选题路线图

第 2 章 研究区域概述及研究方法

2.1 研究区域概况

乌梁素海位于内蒙古自治区巴彦淖尔市乌拉特前旗境内,其地理坐标为北纬 40° 36′ ~ 41° 03′,东经 108° 43′ ~ 108° 57′,为世界同纬度上最高的湖泊。乌梁素海地处河套平原东端,明安川和阿拉奔草原西缘,北靠狼牙山山前洪积扇,南邻乌拉山山后洪积阶地,原为黄河改道所形成的河迹湖,是黄河流域里最大的淡水湖泊,也是我国八大淡水湖泊之一 [4,6,20]。乌梁素海湖泊面积为 293km²,乌梁素海有着"塞外明珠"之美誉。

乌梁素海湖区呈现南北长、东西窄的形状,南北长 35 ~ 40km,东西宽 5 ~ 10km,湖岸线长 130km,蓄水量达到 $2.5 \times 10^8 ~ 3.3 \times 10^8 m^3$,平均水深约为 1m,最深处水深超过 4m。乌梁素海四季更替变化明显,气温变化差异大,属于温带干旱半干旱大陆性气候,年平均气温 7.3℃,且冬季长、夏季短,流域内降雨少、蒸发大,多年平均降雨量为 224mm,多年平均蒸发量为 1 502mm,太阳辐射强,昼夜温差大。乌梁素海每年冰封期为 4 ~ 5 个月,湖水于每年 11 月初开始结冰,翌年 3 月末开始融化,冰厚 30 ~ 60cm[6]。

乌梁素海是黄河中上游重要的保水、蓄水和调水场所,同时是世界范围内荒漠半荒漠地区罕见的草—藻型湖泊,具有丰富的生物多样性和生态功能。乌梁素海位于黄河流域河套平原末端,是我国三大灌区之一的河套灌区排灌系统的重要组成部分 [4,30],对维护流域地区生态系统平衡发挥着不可替代的作用。当地 90% 以上的农田退水、生活污水、工业废水均通过各个渠道汇总后排入总排干、八排干、九排干、通济渠等流入乌梁素海，经过乌梁素海净化后由乌毛计泄水闸统一排入黄河[20]。多年来，由于当地的工农业及城镇污水排水基本都汇入乌梁素海，导致湖水水质严重恶化、盐分积累、泥沙淤泥、植被退化，生态环境问题十分严重。

乌梁素海流域拥有丰富的植物、浮游生物、鱼类、两栖类、爬行类、鸟类等生物资源。其富集的水系为许多水生生物物种保存了基因特征，也使许多野生水生生物在不受干扰的情况下自然生存和繁衍，而这些生物随退水流入黄河后，成为黄河水生生物多样性的重要物种来源[31]。

2.2　采样时间与采样点布设

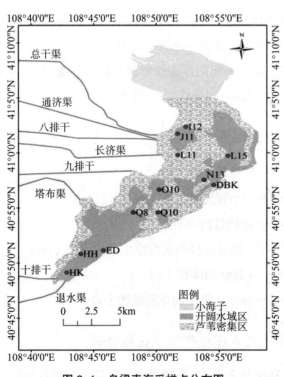

图 2-1　乌梁素海采样点分布图

如图 2-1 所示，根据乌梁素海水域的背景情况、实地调查结果和分布状况，将乌梁素海在空间上以 2km×2km 正方形网格进行剖分，在网格交点处以梅花形布设采样点 12 处，包括 J11、I12、HK、L15、N13、Q10、Q8、L11、O10、DBK、HH、ED。采样时间为 2015 年至 2019 年每年的 1 月、4 月、5 月、6 月、7 月、8 月、9 月、10 月、11 月。

2.3 样品采集与数据处理

2.3.1 浮游植物样品的采集与处理

在采样点水下 0.5m 处采样。在每一采样点用采水器采集 1 000ml 水样，立刻加入鲁哥氏液固定，带回实验室静置沉淀 48h 后，采用虹吸法将沉淀上层清液缓慢吸出，进行 2 次浓缩虹吸，最后保留 30ml 水样以备计数。将 30ml 水样充分摇匀后取 0.1ml 水样放置于 0.1ml 计数框内，在 400 倍显微镜下观察计数。每瓶标本计数 3 片取其平均值，每片计算 100 个视野，参考《中国淡水藻类—系统、分类及生态》[32]、《淡水微型生物图谱》[33] 等资料，对所采集的浮游植物进行门属种鉴定。1 000ml 水体中浮游植物数量（N）可用下列公式（1）计算：

$$N = \frac{Cs}{Fs \times Fn} \times \frac{V}{U} \times Pn \tag{1}$$

式中：Cs——计数框面积（mm^2）；

$\quad\quad Fs$——每个视野的面积（mm^2）；

$\quad\quad Fn$——计数过的视野数；

$\quad\quad V$——1000ml 水样经沉淀浓缩后的体积（ml）；

$\quad\quad U$——计数框的体积（ml）；

$\quad\quad Pn$——每片计算出的浮游植物个数。

2.3.2 水样采集及理化因子数据分析

乌梁素海湖区共布设 12 个采样点，每月中旬进行采样，使用可控流态分层采水器在每个采样点采集水样 1 000ml，每次采样均使用全球定位系统（GPS 导航仪）进行采样点定位。其中，现场原位检测部分指标，室内检测水质指标的水样立即存入低温冷藏箱后及时运回实验室，并对水质指标进行分析与测定。

现场测定指标：用塞氏盘测定透明度（SD）、电导率（EC）、pH值、盐度（SAT）、水温（WT）、溶解氧（DO）等水质指标，使用法国 PONSEL ODEON 手持式多参数水质分析仪原位测试。

实验室测定指标：总氮（TN）、总磷（TP）、氨氮（NH_3-N）、硝酸盐氮（NO_3-N）、亚硝酸盐氮（NO_2-N）、溶解性总磷（DTP）、化学需氧量（COD）、叶绿素（Chla）、悬浮物（SS）等，测定方法见表 2-1。

表 2-1　水质指标分析方法

水质指标	分析方法
总氮	碱性过硫酸钾消解紫外分光光度法 HJ636-2012
总磷	钼酸铵分光光度法 GB11893-89
溶解性总磷	钼酸铵分光光度法 GB11893-89
氨氮	纳氏试剂分光光度法 HJ535-2009
硝酸盐氮	离子色谱法 HJ84-2016
亚硝酸盐氮	分光光度法 GB7493-87
化学需氧量	重铬酸钾法 HJ828-2017
叶绿素	分光光度法 HJ897-2017
悬浮物	重量法 GB11901-89

第 3 章　乌梁素海生态系统水质评价

3.1　乌梁素海水质优劣程度

3.1.1　评价方法

根据《地表水环境质量标准》（GB3838-2002）[34] 中的评价标准对乌梁素海湖泊进行水质优劣程度评价。水环境质量指标共监测总氮、总磷、溶解氧、高锰酸盐指数、氨氮、化学需氧量、pH、悬浮物、生化需氧量等指标进行水质优劣程度评价。水质综合污染指数是评价水环境质量的一种重要方法。综合污染指数评价选取 TN、TP、氨氮、DO、pH、COD、SS 共计 7 项指标。

综合污染指数计算公式如下：

$$P = \frac{1}{n}\sum_{i=1}^{n} P_i \qquad (2)$$

$$P_i = C_i / S_i \qquad (3)$$

式中：P——水质综合污染指数；

P_i——i 污染物的污染指数；

n——污染物种类；

C_i——i 污染物实测浓度平均值；

S_i——i 污染物评价标准值。

根据水质综合污染指数的水质评价标准，能够快速、准确地对水环境质量状况进行评估，见表 3-1。

表 3-1 水质综合污染指数法分级标准

水质综合污染指数	≤ 0.1	0.1 ~ 0.3	0.3 ~ 0.5	0.5 ~ 1.0	1.0 ~ 5.0	>5.0
污染分类	清洁	尚清洁	轻度污染	中度污染	重度污染	严重污染
水质级别	I	II	III	IV	V	VI

3.1.2 评价结果

评价结果详见表 3-2、表 3-3、表 3-4。根据乌梁素海 2015 年至 2019 年单因子水质评价指数可知，总氮指标含量在 2015 年、2016 年为 2.97mg/L 和 2.76mg/L，超出水环境质量标准 V 类标准的 1.5 倍左右；2016 年之后有明显的上升趋势，基本稳定在 1.42 ~ 1.75mg/L 之间，水质在 2019 年符合 IV 类标准。氨氮指标含量在 2015 年至 2019 年基本稳定在 0.16 ~ 0.38mg/L，水质程度明显低于 II 类标准。同时，氨氮的变异系数较大，在 2015 年和 2018 年数值为 1.02 和 1.32，波动程度大，变化随机性变强。氨氮指标含量在乌梁素海湖区空间分布上呈现由南向北逐渐降低的变化趋势，乌梁素海入湖口主要分布总排干、八排干、九排干等排污沟渠，在灌溉高峰期，大量农田废水、工业污水等排入湖区，入湖口水体中氨氮含量迅速增多。溶解氧含量在 2016 年至 2018 年为 5.58 ~ 6.94mg/L，超标倍数超过 V 类标准的 1.3 倍；在 2019 年溶解氧含量逐渐下降，水质程度达到 IV 类标准。总磷含量在 2015 年至 2019 年维持在 0.068 ~ 0.102mg/L，整体低于水环境质量标准 IV 类标准，表明水环境质量较好。总磷和溶解氧的变异系数在 5 年内呈现逐渐变小的趋势，总磷的变化范围为 0.234 ~ 0.696mg/L、溶解氧的变化范围为 0.41 ~ 0.56mg/L，说明水环境质量的改善使得总磷和溶解氧的波动程度逐年减弱。溶解氧含量在乌梁素海空间分布上呈现中部低、南北高的变化特征。由于乌梁素海湖区中北部周边生长着大量的沉水植物和芦苇且水深较浅，水体中的芦苇和水草等动植物残体腐败后，通过微生物降解消耗水体中大量的氧，使得乌梁素海湖区中部区域溶解氧含量大量下降，同时冬季水体在冰封作用下会阻碍大气复氧，因此，溶解氧含量在中部区域较低。化学需氧量在 2015 年为 45.8mg/L，在 2015 年之后呈明显下降趋势，表明水体中有机物和无机物污染程度有明显好转。化学需氧量在空间分布上具有明显的变化特征，呈现南部高、北部低的趋势，由于乌梁素海北部区域水生植物较为密集，中北部区域水生植物的光合作用使水体中溶解氧含量增多，导致化学需氧量降低。2015 年至 2019 年，总氮、化学需氧量和悬浮物的变异系数相差不大，波动程度较大，在时间序列上整体比较稳定。pH 值稳定在 8.45 ～ 8.66，pH 值的变异系数均小于 0.1，说明酸碱度波动较小，水质指标较为稳定。因此，加强对总氮、溶解氧和化学需氧量排放的防控也是乌梁素海湖泊水污染控制的重点工作之一。

根据综合污染指数评价结果显示，乌梁素海大部分污染物的浓度从 2015 年至 2019 年有明显下降趋势，水质呈现明显的上升状态，总体水质处于 V 类水平。2019 年乌梁素海湖泊水质已经达到了 IV 类标准，说明湖泊水质已有了明显的改善，对湖泊的治理与修复工作也有了初步的成效。其中，氨氮和总磷的含量已经低于国家地表水 V 类标准，各项指标整体开始出现逐年变好的趋势，水质状况由重污染转为轻污染状态。

表 3-2　2015 年至 2019 年乌梁素海水质指标检测值（mg/L）

		总氮	总磷	氨氮	溶解氧	pH 值	化学需氧量	悬浮物
2019 年	平均值	1.42	0.068	0.16	6.68	8.65	30.20	9.57
	方差	0.46	0.00025	0.014	7.61	0.19	45.48	4.49
	标准差	0.68	0.016	0.119	2.76	0.43	6.74	2.12
	变异系数	0.48	0.234	0.724	0.41	0.05	0.22	0.22
2018 年	平均值	1.48	0.102	0.28	5.58	8.66	35.4	19.54
	方差	0.28	0.00504	0.13	4.61	0.106	56.97	43.50
	标准差	0.53	0.071	0.37	2.15	0.327	7.58	6.59
	变异系数	0.36	0.696	1.32	0.39	0.038	0.21	0.34

续表

		总氮	总磷	氨氮	溶解氧	pH 值	化学需氧量	悬浮物
2017 年	平均值	1.75	0.074	0.25	6.94	8.59	37.8	15.06
	方差	1.14	0.00203	0.12	11.06	0.0209	67.46	24.36
	标准差	1.07	0.045	0.34	3.33	0.145	8.21	4.94
	变异系数	0.41	0.609	0.52	0.48	0.017	0.22	0.33
2016 年	平均值	2.76	0.075	0.32	6.72	8.48	38.6	8.24
	方差	1.05	0.00057	0.097	14.84	0.029	71.18	4.75
	标准差	1.02	0.024	0.312	3.85	0.170	8.44	2.18
	变异系数	0.43	0.316	0.433	0.57	0.020	0.22	0.26
2015 年	平均值	2.97	0.098	0.38	6.66	8.45	45.8	19.6
	方差	1.65	0.0037	0.15	13.88	0.033	80.62	27.29
	标准差	1.28	0.061	0.39	3.73	0.182	8.98	5.22
	变异系数	0.43	0.622	1.02	0.56	0.021	0.20	0.27

表 3-3 2015 年至 2019 年单因子水质评价结果表

	2019 年	2018 年	2017 年	2016 年	2015 年
总氮	1.417	1.476	1.758	2.760	2.968
总磷	1.367	2.056	1.479	1.479	1.96
氨氮	0.164	0.284	0.250	0.320	0.382
溶解氧	0.966	1.344	1.388	1.166	1.332
pH 值	0.825	0.832	0.795	0.74	0.725
化学需氧量	1.510	1.700	1.890	1.932	2.291
悬浮物	0.319	0.651	0.502	0.275	0.653

表 3-4 水质综合污染指数评价结果

	2019 年	2018 年	2017 年	2016 年	2015 年
综合污染指数	0.938	1.202	1.151	1.239	1.473
水质类别	Ⅳ	Ⅴ	Ⅴ	Ⅴ	Ⅴ

3.2 乌梁素海富营养化状态评价

3.2.1 评价方法

目前，湖泊富营养化评价方法主要有营养物浓度评价、生物指标评价、综合营养状态指数评价等方法，也有部分学者将模糊数学法、神经网络评价法用于湖泊富营养化状况评价。本研究根据中国环境监测总站《湖泊（水库）富营养化评价方法及分级技术规定》，采用综合营养状态指数（TLI）来评估研究区域湖泊水体富营养化现状，所需的评价指标包括：总氮（TN）、总磷（TP）、叶绿素（Chl.a）、透明度（SD）、高锰酸盐指数（CODMn）。

综合营养状态指数的计算公式为：

$$TLI = \sum_{j=1}^{n} W_j \cdot TLI(j) \tag{4}$$

式中：TLI——综合营养状态指数；

Wj——第 j 种参数的营养状态指数的相关权重；

$TLI(j)$——代表第 j 种参数的营养状态指数。

其中，各参数的营养状态指数计算公式为：

$$
\begin{aligned}
TLI\ TN &= 10 \times (5.543 + 1.694 \ln[TN]) \\
TLI\ TP &= 10 \times (9.436 + 1.624 \ln[TP]) \\
TLI\ Chla &= 10 \times (2.5 + 1.086 \ln[Chla]) \\
TLI\ COD &= 10 \times (0.109 + 2.661 \ln[COD]) \\
TLI\ SD &= 10 \times (5.118 - 1.941 \ln[SD])
\end{aligned}
\tag{5}
$$

以 Chla 作为基础参数，将 TLI 指数从 0 ～ 100 的连续数据进行分级，从而对湖泊富营养化状态进行描述[35]，第 j 种参数的归一化的相关权重计算公式为：

$$W_j = \frac{r_{ij}^2}{\sum\limits_{j=1}^{m} r_{ij}^2}$$

（6）

式中：r_{ij}——第 j 中参数与基准参数 Chla 的相关系数；

m——评价参数的个数。

表 3-5　中国湖泊部分参数与 Chla 的相关关系 r_{ij} 和 r_{ij}^2 值

参数	叶绿素 a	总氮	总磷	透明度	化学需氧量
r_{ij}	1	0.82	0.84	-0.83	0.83
r_{ij}^2	1	0.6724	0.7056	0.6889	0.6889

表 3-6　湖泊营养状态分级表

营养状态指数	$TLI<30$	$30 \leqslant TLI<50$	$50 \leqslant TLI<60$	$60 \leqslant TLI<70$	$TLI \geqslant 70$
营养状态分级	贫营养	中营养	轻度富营养	中度富营养	重度富营养

3.2.2　评价结果

在实际调研采样、数据分析的基础上，根据公式计算得出 2015 年至 2019 年乌梁素海湖泊综合营养状态指数和营养状态分级，见表 3-7、表 3-8。

表 3-7　乌梁素海 2015 年至 2019 年湖泊营养状态指数评价结果表

	2019 年	2018 年	2017 年	2016 年	2015 年
总磷	12.653	12.916	17.173	17.207	18.522
总氮	9.543	10.788	9.784	9.845	10.642
化学需氧量	10.815	10.939	11.457	12.832	13.052
叶绿素 a	9.015	9.429	9.495	9.179	9.351
透明度	16.832	17.605	17.926	18.033	18.865

表 3-8 乌梁素海湖泊营养状态分级结果表

	2019 年	2018 年	2017 年	2016 年	2015 年
综合营养状态指数	58.858	61.677	65.835	67.096	70.433
湖泊营养状态分级	轻度富营养	中度富营养	中度富营养	中度富营养	重度富营养

从表 3-8 中可以看出，乌梁素海在 2015 年至 2019 年综合营养状态指数在 58.86 ~ 70.43 之间，整体呈现上升的趋势，湖泊营养化状态从重度富营养化变为轻度富营养化。这说明乌梁素海水环境治理效果显著，2019 年乌梁素海湖泊营养状态为轻度富营养化状态。

3.3 讨论

本章通过水质优劣程度和水体富营养化状况两个指标对乌梁素海水质进行评价。乌梁素海 2015 年至 2019 年水质状况由 V 类达到 IV 类水平，由于湖区上游及周围工业废水、生活污水等大量污染物排入乌梁素海，导致乌梁素海水体中氮、磷含量较高，水体呈富营养化状态，水质发生恶化。因此，乌梁素海湖泊水体中浮游植物大量繁殖，引发水华现象，使得水体中溶解氧含量降低，水体中水生生物大量死亡。乌梁素海其他区域因在水生态系统变化过程中将不同程度地消耗水体中的氧气，导致溶解氧含量局部波动。2015 年，乌梁素海水质恶化严重，生态系统功能发生退化。从 2016 年开始，对乌梁素海进行生态补水、湖泊内源和外源污染治理以及生态系统改善治理，通过外源控制，使得排入乌梁素海水体含磷量极大程度减少；截至 2019 年，有计划地向乌梁素海实施应急生态补水共计 4 次，灌区年均补给乌梁素海水量为 $4.3 \times 10^8 m^3$ 左右。通过增加黄河分凌补水，乌梁素海水域面积扩大，同时减少了乌梁素海水量置换时间。乌梁素海入湖流量大大增加，提高了水资源调节能力，有效地提高湖泊水体自净能力[36]；同时，化学需氧量浓度降低，水质得到一定程度的改善，湖泊富营养化程度得到有效遏制。目前，乌梁素海湖泊富营养化状态呈轻度富营养化，鱼类、鸟类数量逐渐增加。关丽罡等[37]总结了近年来乌梁素海湖泊通过生态补水措施提升湖区水质的成效和问题，结果表明，在实施生态补水之后3年内，乌梁素海水质指标化学需氧量、总氮、总磷含量均呈现下降趋势，湖区出口污染负荷降低约25%。这与本研究的调查结果基本吻合。师文孝等[36]通过黄河分凌补水对乌梁素海进行生态建设，得出结论为水生态环境得到明显改善，富营养化程度逐渐降低，同时缓解了灌溉用水高峰期水资源紧张的矛盾。国家和政府也加大了湖泊治理力度，在生态补水的基础上，开展湖区内源污染治理工程，并在湖区建设了渔业养殖、网格水道开挖等项目[38]，并实施林业生态工程，增加防沙治沙面积，建立防风固沙林带，有效遏制沙漠入侵，保护乌梁素海生态环境[39]。针对乌梁素海污染防控，政府大力发展"四控"行动，对于耕地使用农药和化肥进行严控，减少灌溉用水和农田退水等污染流入湖泊[39]。政府部门通过生态文明教育宣传工作，提高居民的绿色消费意识，推动绿色消费运动，强化对乌梁素海生态环境的保护[40]。2019年，乌梁素海周围城镇生活污水和生活垃圾无害化处理率均达到98%以上[39]。乌梁素海流域居民思想、生活方式的改变，为乌梁素海综合治理提供了持久的动力[41]。

3.4 结论

本章采用单因子水质指数、综合污染指数和综合营养状态指数对乌梁素海水质状况和富营养化程度进行分析，结论如下：

①从乌梁素海水质优劣程度来看，2015年至2019年乌梁素海水质综合污染指数分别为1.473、1.239、1.151、1.202、0.938，2015年至2018年水质为Ⅴ类水质。2019年，乌梁素海水质已达到Ⅳ类水质标准，呈明显上升趋势，得到一定程度的改善，但局部水质指标氨氮、总磷仍存在超标现象，水质类别为劣Ⅴ类，需加强治理，确保水质达到标准状态且能保持住这种状态更是维护乌梁素海生态系统健康的重要因素。

②从湖泊营养状态来看，2015 年乌梁素海湖泊营养状态为重度富营养状态，2016 年至 2018 年为中度富营养状态，2019 年呈轻度富营养状态。乌梁素海湖泊营养状况与水质优劣程度变化规律基本相同，整体时间分布呈现逐年增加的变化规律。

第4章　乌梁素海浮游植物群落特征

4.1　浮游植物种类组成

本研究共鉴定出浮游植物 7 门 78 属 185 种，其中绿藻门 34 属 70 种，硅藻门 25 属 64 种，蓝藻门 12 属 31 种，裸藻门 4 属 15 种，甲藻门 1 属 3 种，金藻门和隐藻门各 1 种。由图 4–1 可知，绿藻门、硅藻门和蓝藻门所占比例较大，依次为 37.84%、34.59% 和 16.76%，裸藻门所占比例为 8.11%，甲藻门、金藻门和隐藻门三者共占 2.70%，如图 4–1 所示：

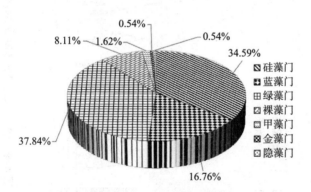

图 4–1　乌梁素海浮游植物种类组成

4.2　浮游植物密度变化

由于金藻门和隐藻门出现次数很少，因此，图 4–2 和图 4–3 未涉及金藻门和隐藻门。本研究将采样时间划分为四个季节，冬季包括 1 月，春季

包括 4 月和 5 月，夏季包括 6 月、7 月和 8 月，秋季包括 9 月、10 月和 11
月。冬季涉及的浮游植物和环境因子数据均为在冰下水体中所测。根据乌
梁素海浮游植物密度分布及变化图可知（图 4-2 和图 4-3），乌梁素海浮
游植物密度表现出季节性和区域性。2018 年浮游植物密度均值表现为夏季 >
春季 > 秋季 > 冬季。2018 年冬季浮游植物以硅藻门和蓝藻门为主，其中

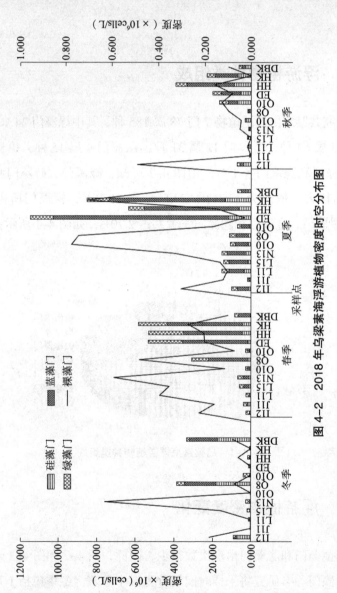

图 4-2　2018 年乌梁素海浮游植物密度时空分布图

采样点 Q8 硅藻门密度达到全年峰值，为 18.011×10^6 cells/L。2018 年春季，蓝藻门和绿藻门占据优势地位，采样点 HH 的绿藻门密度达到全年峰值，为 18.104×10^6 cells/L；2018 年夏季，以蓝藻门为主，其次是绿藻门和硅藻门。采样点 ED 蓝藻门密度为全年最大，为 91.188×10^6 cells/L。与蓝藻门和绿藻门相比，裸藻门密度较小，采样点 O10 裸藻门密度为全年最大，

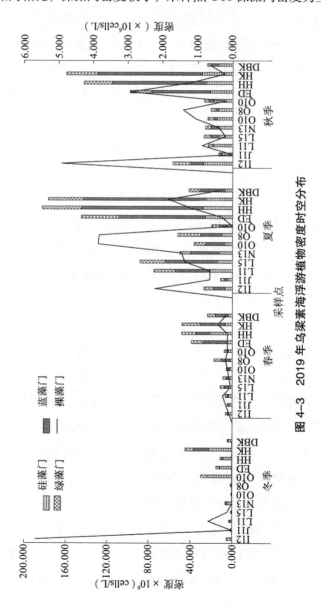

图 4-3　2019 年乌梁素海浮游植物密度时空分布

为 0.776×10^6cells/L；2018 年秋季，蓝藻门、硅藻门、绿藻门占优势地位，浮游植物整体密度较低。2019 年浮游植物密度均值表现为：夏季 > 秋季 > 春季 > 冬季。2019 年冬季，浮游植物以硅藻门为主，采样点 I12 裸藻门密度为全年最大，为 5.665×10^5cells/L。2019 年春季，蓝藻门、绿藻门和硅藻门占据优势地位，浮游植物密度范围为：$0.045 \times 10^5 \sim 22.555 \times 10^5$cells/L；与夏季和秋季相比，所有门类密度较低。2019 年夏季和秋季浮游植物以蓝藻门、绿藻门和硅藻门为主。其中，硅藻门全年最大密度为：29.673×10^5cells/L，出现在秋季采样点 HK。蓝藻门和绿藻门全年最大密度均出现在夏季，分别为：116.869×10^5cells/L 和 38.466×10^5cells/L。整体上，2019 年浮游植物密度低于 2018 年浮游植物密度。2019 年乌梁素海入湖流量比 2018 年入湖流量高 15.392×106m^3，导致营养盐浓度被稀释，浮游植物密度降低。

根据采样点的位置，将乌梁素海分为北湖区、中湖区和南湖区，其中北湖区包括采样点 I12、J11、L11、L15，中湖区包括采样点 N13、DBK、O10、Q8、Q10，南湖区包括采样点 ED、HH、HK。2018 年春季、夏季、秋季和 2019 年全年，乌梁素海南湖区浮游植物密度大于北湖区浮游植物密度和中湖区浮游植物密度。乌毛计排水闸位于乌梁素海南部，排水量较小，且闸门开启时间较少，水动力条件差，水体稳定，透明度大，浮游植物光合作用增强。2018 年冬季乌梁素海中湖区浮游植物密度最大，其次是北湖区和南湖区。2018 年春季、夏季、秋季和 2019 年冬季、春季，乌梁素海中湖区浮游植物密度高于乌梁素海北湖区密度。2019 年夏季、秋季，乌梁素海中湖区浮游植物密度均低于乌梁素海北湖区浮游植物密度。乌梁素海实施生态补水、排干沟净化等治理工程，不同的采样时间和天气情况等造成水体有机物含量和浮游植物密度发生改变。

通过对不同采样点浮游植物密度变化的显著性差异分析（见表 4-1），得到的结果表明，2018 年和 2019 年蓝藻门、绿藻门和总藻密度变化显著（$P<0.05$），硅藻门和裸藻门密度变化不显著（$P>0.05$）。通过对不同季节浮游植物密度变化的显著性差异分析（见表 4-2），得到的结果表明，

2018 年蓝藻门、绿藻门和裸藻门密度变化显著（P<0.05），2018 年硅藻门和总藻密度变化不显著（P>0.05）；2019 年硅藻门、蓝藻门、绿藻门和总藻密度变化显著（P<0.05），2019 年裸藻门密度变化不显著（P>0.05）。

表 4-1 不同采样点浮游植物密度变化的显著性差异

	硅藻门	蓝藻门	绿藻门	裸藻门	总藻
2018 年 P 值	0.554	0.029	0.025	0.422	0.020
2019 年 P 值	0.084	0.014	0.039	0.058	0.014

表 4-2 不同季节浮游植物密度变化的显著性差异

	硅藻门	蓝藻门	绿藻门	裸藻门	总藻
2018 年 P 值	0.528	0.046	0.019	0.008	0.100
2019 年 P 值	0.000	0.003	0.000	0.060	0.001

4.3 浮游植物多样性指数变化

为了探究 2018 年和 2019 年乌梁素海浮游植物生物多样性变化，计算了 Shannon-Wiener 多样性指数、Margalef 丰富度指数、Pielou 均匀度指数三个指标。Shannon-Wiener 指数反映浮游植物的群落结构复杂程度，该指数越高表明群落组成越复杂，群落蕴含信息量越大，群落结构越稳定；Margalef 丰富度指数反映浮游植物群落物种丰富度，表示生物群落中种类丰富程度；Pielou 物种均匀度表示群落中不同物种的分配情况，反映群落在某一生境中的组成均匀程度[42]。

4.3.1 浮游植物 Shannon-Wiener 多样性指数（H）变化

2018 年和 2019 年乌梁素海浮游植物 Shannon-Wiener 多样性指数（H）变化结果如图 4-4 和图 4-5 所示，Shannon-Wiener 多样性指数（H）在各采样点变化范围为 1.252 ～ 4.629，季节变化范围为 2.782 ～ 3.956；最大值出现在 2019 年春季 HH 采样点，最小值出现在 2018 年冬季 J11 采样点。2018 年 Shannon-Wiener 多样性指数（H）的季节变化表现为：夏季（3.211）>秋季（3.152）>春季（3.073）>冬季（2.782）；2019 年 Shannon-Wiener 多样性指数（H）的季节变化表现为：春季（3.956）>秋季（3.836）>夏季（3.731）>冬季（3.221）。2018 年冬季 Shannon-Wiener 多样性指数（H）空间变化表现为：南湖区（3.115）>中湖区（3.004）>北湖区（2.254）；2018 年春季 Shannon-Wiener 多样性（H）指数空间变化表现为：南湖区（3.350）>北湖区（3.026）>中湖区（2.954）；2018 年夏季 Shannon-Wiener 多样性指数（H）空间变化表现为：南湖区（3.494）>中湖区（3.168）>北湖区（3.052）；2018 年秋季 Shannon-Wiener 多样性指数（H）空间变化表现为：中湖区（3.274）>南湖区（3.250）>北湖区（2.925）。2019 年冬季和秋季 Shannon-Wiener 多样性指数（H）空间变化表现与 2018 年冬季和秋季 Shannon-Wiener 多样性指数（H）一致。2019 年春季 Shannon-Wiener 多样性（H）指数从南到北依次减小。2019 年夏季 Shannon-Wiener 多样性指数（H）南湖区最大，其次是北湖区，中湖区最小。

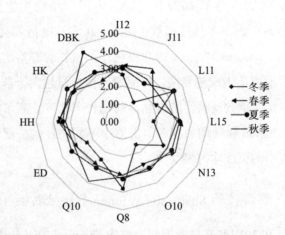

图 4-4　2018 年不同采样点物种 Shannon-Wiener 多样性指数（H）时空变化

b

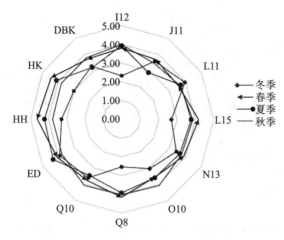

图 4-5　2019 年不同采样点物种 Shannon–Wiener 多样性指数（H）时空变化

4.3.2　浮游植物 Margalef 丰富度指数（D）变化

2018 年和 2019 年乌梁素海浮游植物 Margalef 丰富度指数（D）变化结果如图 4-6 和图 4-7 所示，Margalef 丰富度指数（D）在各采样点变化范围为 1.061 ～ 4.921，季节变化范围为 2.346 ～ 3.506；最大值出现在 2018 年秋季 Q10 采样点，最小值出现在 2018 年冬季 L15 采样点。2018 年和 2019 年 Margalef 丰富度指数（D）的季节变化表现一致，均为秋季 > 夏季 > 春季 > 冬季。2018 年冬季、春季和夏季 Margalef 丰富度指数（D）空间变化表现均为从南到北依次减小；2018 年秋季 Margalef 丰富度指数（D）空间变化表现为：中湖区（3.699）> 南湖区（3.469）> 北湖区（3.154）。2019 年冬季和夏季 Margalef 丰富度指数（D）空间变化表现一致，均为南湖区 > 北湖区 > 中湖区。整体上，2019 年夏季 Margalef 丰富度指数（D）比 2019 年冬季高，从南到北差值分别是 1.738、1.059、0.766。2019 年春季和秋季 Margalef 丰富度（D）指数空间变化表现为从南到北依次减小。

c

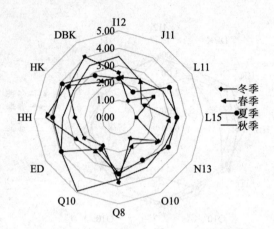

图 4-6　2018 年不同采样点物种 Margalef 丰富度指数（*D*）时空变化

d

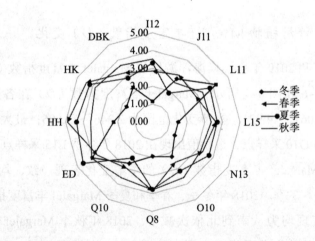

图 4-7　2019 年不同采样点物种 Margalef 丰富度指数（*D*）时空变化

4.3.3　浮游植物 Pielou 均匀度指数（*J*）变化

2018 年和 2019 年乌梁素海浮游植物 Pielou 均匀度指数（*J*）变化结果
如图 4-8 和图 4-9 所示，Pielou 均匀度指数（*J*）在各采样点变化范围为

0.637 ~ 0.956，季节变化范围为 0.742 ~ 0.910。最大值出现在 2019 年冬季 N13 采样点，最小值出现在 2018 年冬季 L15 采样点。2018 年 Pielou 均匀度指数（J）的季节变化表现为：秋季（0.781）＞春季（0.764）＞夏季（0.745）＞冬季（0.742）。2019 年 Pielou 均匀度指数（J）的季节变化表现为：春季（0.910）＞冬季（0.902）＞秋季（0.884）＞夏季（0.837）。2018 年冬季 Pielou 均匀度指数（J）空间变化表现为：南湖区（0.784）＞北湖区（0.737）＞中湖区（0.720）。2018 年春季和夏季 Pielou 均匀度指数（J）空间变化表现均为从南到北依次增大，2018 年春季 Pielou 均匀度指数（J）低于 2018 年夏季 Pielou 均匀度指数（J）。2018 年秋季 Pielou 均匀度指数（J）空间变化表现为：中湖区（0.819）＞北湖区（0.781）＞南湖区（0.718）。2019 年春季 Pielou 均匀度指数（J）空间变化表现为北湖区（0.924）＞中湖区（0.907）＞南湖区（0.896）。2019 年夏季 Pielou 均匀度指数（J）空间变化表现为北湖区（0.857）＞南湖区（0.829）＞中湖区（0.825）。2019 年冬季和秋季 Pielou 均匀度指数（J）空间变化表现为中湖区＞北湖区＞南湖区。

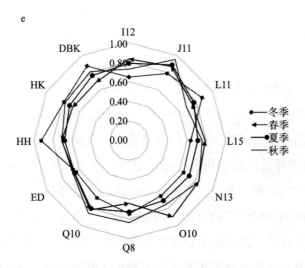

图 4-8　2018 年不同采样点物种 Pielou 均匀度指数（J）时空变化

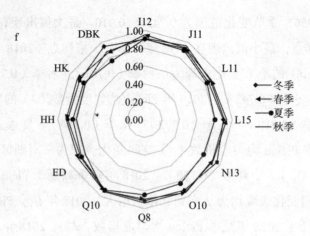

图 4-9　2019 年不同采样点物种 Pielou 均匀度指数（J）时空变化

4.4　浮游植物优势种

　　根据出现频率大于 33.33%，优势度计算结果（$Y \geqslant 0.02$），调查期间乌梁素海共鉴定优势种 5 门 19 属 32 种（见表 4-3），其中 2018 年鉴定优势种 4 门 16 属 25 种，2018 年硅藻门占 2018 年优势种总数的 32.00%，2018 年蓝藻门占 2018 年优势种总数的 36.00%，2018 年绿藻门占 2018 年优势种总数的 28.00%。2019 年鉴定优势种 5 门 19 属 31 种，2019 年硅藻门占 2019 年优势种总数的 35.48%，2019 年蓝藻门占 2019 年优势种总数的 29.03%，2019 年绿藻门占 2019 年优势种总数的 29.03%。乌梁素海全年绿藻门占绝对优势，其次为硅藻门和蓝藻门，其他门类较少。这与李兴等[43] 对乌梁素海浮游植物的研究一致。春季、夏季和秋季以硅藻门、蓝藻门、绿藻门为优势种，冬季以硅藻门和绿藻门为优势种。硅藻门的尖针杆藻和绿藻门的四尾栅藻在调查期间均是优势种，占有显著优势。在春季、夏季和秋季，蓝藻门的点形平裂藻和裸藻门的尾裸藻均是优势种。2019 年乌梁素海从春季开始至秋季实施了生态补水、海堤治理、湖区河口湿地、排干沟净化等综合治理工程，对乌梁素海的氮磷营养盐、化学需氧量、透明度等水环境因子产生影响，导致浮游植物的生活环境发生了变化，优势种数量发生变化。

表 4-3 乌梁素海浮游植物优势种名录

编号	门类名	藻种名	2018 年				2019 年			
			冬季	春季	夏季	秋季	冬季	春季	夏季	秋季
1		箧形短缝藻	N	N	N	Y	Y	N	N	Y
2		谷皮菱形藻	N	N	Y	N	N	N	Y	N
3		尖针杆藻	Y	Y	Y	Y	Y	Y	Y	Y
4		简单舟形藻	N	N	N	N	N	N	N	N
5		梅尼小环藻	N	N	N	Y	Y	N	Y	Y
6	硅藻门	双头辐节藻	N	N	Y	Y	Y	Y	N	N
7		双头舟形藻	N	N	N	N	N	N	N	N
8		微小舟形藻	N	N	N	N	N	N	N	Y
9		线形菱形藻	N	N	N	Y	N	N	N	Y
10		星芒小环藻	N	N	Y	Y	Y	Y	Y	Y
11		肘状针杆藻	N	N	N	N	N	N	N	Y
12	金藻门	分歧锥囊藻	N	N	N	N	N	Y	N	N
13		不整齐蓝纤维藻	N	Y	N	N	N	N	N	Y
14		点形平裂藻	N	Y	Y	Y	Y	Y	Y	Y
15		湖沼色球藻	N	Y	N	N	N	N	N	N
16	蓝藻门	居氏腔球藻	N	N	Y	N	N	Y	Y	Y
17		束缚色球藻	N	N	Y	N	N	N	Y	Y
18		微小隐球藻	N	N	N	N	N	N	N	N
19		细小隐球藻	N	N	N	N	N	N	N	N
20		银灰平裂藻	N	N	Y	N	N	N	N	N

编号	门类名	藻种名	2018 年				2019 年			
			冬季	春季	夏季	秋季	冬季	春季	夏季	秋季
21	蓝藻门	优美平裂藻	N	Y	Y	Y	N	Y	Y	Y
22		沼泽颤藻	N	N	Y	N	N	Y	Y	N
23	裸藻门	尾裸藻	N	Y	Y	Y	N	N	Y	Y
24		二形栅藻	N	N	N	N	N	Y	Y	N
25		华美十字藻	N	N	N	N	N	N	Y	N
26		链丝藻	N	N	N	N	N	N	N	N
27		裂孔栅藻	N	N	Y	N	N	N	Y	Y
28	绿藻门	双对栅藻	N	Y	Y	N	N	N	N	N
29		四尾栅藻	Y	Y	Y	Y	Y	Y	Y	Y
30		狭形纤维藻	Y	N	Y	N	N	N	Y	Y
31		小球藻	Y	Y	Y	Y	Y	Y	Y	Y
32		针形纤维藻	Y	N	N	N	N	N	N	N

注："Y"表示该藻种在当季作为优势种出现，"N"表示该藻种在当季不作为优势种出现。

4.5　讨论与分析

4.5.1　浮游植物种类组成

2018 年和 2019 年鉴定出乌梁素海 185 种浮游植物，群落组成以绿藻门、硅藻门和蓝藻门为主，浮游植物群落结构属于绿—硅—蓝藻型。与2011 年 6 月至 2013 年 8 月调查结果相比，浮游植物种类数减少，但群落结构一致[44]；与 2016 年 4 月至 2017 年 1 月调查结果相比，浮游植物种类数减少，但群落结构不一致[45]。这说明与往年相比，乌梁素海的浮游植物种类在减少，群落结构也在发生变化。这是因为以往乌梁素海周边存在污染型企业，企业污水排入乌梁素海带来了大量营养物质，浮游植物生长旺盛，导致浮游植物种类和数量较多。本研究期间污染型企业已经关闭，乌梁素海失去了部分营养元素供给，浮游植物缺乏生长繁殖的生境，种类和数量自然降低[46]。

4.5.2　浮游植物密度变化

2018 年浮游植物密度表现为夏季 > 春季 > 秋季 > 冬季。2019 年浮游植物密度表现为夏季 > 秋季 > 春季 > 冬季。研究期间，浮游植物在冬季密度最小，在夏季密度最大。因为冬季温度低，光照条件差，所以浮游植物光合作用大大减弱，冬季是浮游植物休眠时期。因为夏季温度较高，光照充沛，所以适合浮游植物进行光合作用等一系列生物活动。2018 年秋季乌梁素海入湖量比 2018 年春季高 $60.264 \times 10^6 m^3$，导致 2018 年秋季氮磷浓度比 2018 年春季低，2018 年春季浮游植物密度比 2018 年秋季浮游植物密度大。虽然 2019 年秋季乌梁素海入湖量比 2019 年春季高，但由于 2019 年秋季在乌梁素海实施了底泥处置试验，导致 2019 年秋季底泥对氮磷的释放量较大，2019 年秋季氮磷浓度比 2019 年春季氮磷浓度高，2019 年秋季浮游植物密度比 2019 年春季浮游植物密度大。2019 年浮游植物密度低于 2018 年浮游植物密度。2019 年乌梁素海入湖流量比 2018 年入湖流量高 $15.392 \times 10^6 m^3$，水中浮游植物生长所需的氮磷营养盐被稀释，氮磷浓度降低，浮游植物密度减小。

2018 年春季、夏季、秋季及 2019 年全年乌梁素海南湖区浮游植物密度最大。乌毛计排水闸位于乌梁素海南部，排水量较小，且闸门开启时间较少，水动力条件差，水体稳定，透明度大，浮游植物光合作用增强。2018 年冬季乌梁素海中湖区冰层较薄，光照条件好，进入冰下水体的光能多，促进浮游植物进行光合作用，所以中湖区浮游植物密度较大。2018 年春季、夏季、秋季和 2019 年春季的中湖区浮游植物密度高于北湖区浮游植物密度。这是因为北湖区是入湖口，此区域水体扰动大，流速大，水体浑浊，透明度小，缺乏浮游植物生长条件，浮游植物密度低。2019 年冬季北湖区密度最小，这时北湖区冰层厚，透明度小，光照条件差，浮游植物光合速率小。2019 年夏季、秋季，乌梁素海中湖区浮游植物密度均低于乌梁素海北湖区域浮游植物密度，这是因为夏季和秋季中湖区沉水植物、芦苇数量比北湖区多，沉水植物和芦苇会与浮游植物竞争营养盐，导致浮游植物营养盐供给受到限制，浮游植物密度降低。

4.5.3 浮游植物多样性指数变化

2018 年冬季和 2019 年冬季浮游植物受到生理周期的影响，群落结构相对简单，物种个体分配散乱，群落稳定性差，因此 Shannon-Wiener 多样性指数（H）、Margalef 丰富度指数（D）、Pielou 均匀度指数（J）较低。2018 年春季 Shannon-Wiener 多样性指数（H）、Margalef 丰富度指数（D）较低，但 Pielou 均匀度指数（J）较高，表明浮游植物群落结构单一，群落容易发生变化，但个体分配相对均匀。2018 年夏季水温高，pH 值在 8 以上，透明度大，氮磷等营养盐丰富，适合不同种类的浮游植物生长，群落结构更加稳定，但由于浮游动物的捕食，造成浮游植物分配不均匀。2018 年秋季温度逐渐降低，浮游植物群落发生演替，浮游植物群落物种丰富，群落稳定性较差，由于各采样点营养盐丰富，所以个体分配均匀。2019 年乌梁素海综合治理工程按生态补水、海堤治理、湖区河口湿地、排干沟净化、底泥处置试验五大项从春季开始实施，至秋季结束，导致乌梁素海底泥中氮磷等营养盐被释放，浮游植物群落组成发生变化，稳定性和均匀度有所改变。

2018 年冬季浮游植物 Shannon-Wiener 多样性指数（H）和 Margalef 丰富度指数（D）空间变化表现均为南湖区 > 中湖区 > 北湖区，Pielou 均匀度指数（J）空间变化表现为南湖区 > 北湖区 > 中湖区，表明南湖区浮游植物优势种主导地位不够突出，有稳定的群落结构。2018 年春季浮游植物 Shannon-Wiener 多样性指数（H）空间变化表现为南湖区 > 北湖区 > 中湖区，Margalef 丰富度指数（D）空间变化表现为从南到北逐渐下降，Pielou

均匀度指数（J）空间变化表现与 Margalef 丰富度指数（D）空间变化表现相反。由于受水体深度影响，中湖区浮游植物种类丰富，但稳定性不强，个体分配不均匀。2018 年夏季浮游植物 Shannon-Wiener 多样性指数（H）和 Margalef 丰富度指数（D）空间变化表现均为：南湖区 > 中湖区 > 北湖区。水温、pH 值由南到北逐渐降低，北湖区浮游植物种类少，稳定性差；北湖区比南湖区和中湖区水浅，故个体分配比南湖区和中湖区均匀。2018 年秋季浮游植物 Shannon-Wiener 多样性指数（H）和 Margalef 丰富度指数（D）空间变化表现均为：中湖区 > 南湖区 > 北湖区，Pielou 均匀度指数（J）空间变化表现均为中湖区最大，北湖区和南湖区次之。秋季灌溉退水，导致中湖区和北湖区营养物质增加，浮游植物种类增多。

2019 年冬季浮游植物 Shannon-Wiener 多样性指数（H）空间变化表现为从南到北逐渐下降，Margalef 丰富度指数（D）空间变化表现为中湖区最小，其次是北湖区和南湖区；Pielou 均匀度指数（J）空间变化表现为中湖区最大，其次是北湖区和南湖区。这表明北湖区浮游植物种类比中湖区多，但稳定性、均匀度比中湖区差，因为北湖区硅藻门优势种地位突出，导致群落结构简单。2019 年春季浮游植物 Shannon-Wiener 多样性指数（H）和 Margalef 丰富度指数（D）空间变化表现均为从南到北逐渐下降，Pielou 均匀度指数（J）空间变化表现与 2018 年春季一致，表明从北到南浮游植物种类越来越多，群落结构复杂性在增加，但个体分配的均匀度在下降，原因是融冰现象的发生，导致营养盐发生变化。2019 年夏季浮游植物 Shannon-Wiener 多样性指数（H）和 Margalef 丰富度指数（D）空间变化表现均为南湖区最大，其次是北湖区和中湖区；Pielou 均匀度指数（J）空间变化表现为北湖区 > 南湖区 > 中湖区。夏季南湖区温度高，透明度大，有利于各种浮游植物生长，浮游植物稳定性强，但由于水深，浮游植物个体分配散乱，北湖区氮磷等营养盐含量比中湖区高，浮游植物种类比中湖区多，稳定性比北湖区强，水体深度比中湖区浅，个体分配更均匀。2019 年秋季浮游植物 Shannon-Wiener 多样性指数（H）和 Pielou 均匀度指数（J）空间变化表现与 2018 年秋季一致，Margalef 丰富度指数（D）

南湖区最大，其次是中湖区与北湖区。由于采样时遇到泄水闸泄水，导致南湖区水体不稳定，浮游植物稳定性弱，个体分配不均。

4.5.4 浮游植物优势种

2019 年优势种数量比 2018 年优势种数量多，硅藻门、蓝藻门占 2019 年优势种总数的比例比占 2018 年优势种总数比例下降，绿藻门比例上升。对优势种的确定除了优势度 ≥ 0.02，还包括采样点出现频率大于 33.33%，说明优势种均匀性大。2019 年乌梁素海实施了生态补水、海堤治理、排干沟净化等治理工程，导致乌梁素海不同时期、不同采样点的氮磷含量、透明度、水深等水环境因子发生了改变，浮游植物的种类和空间分布发生变化。这与巴秋爽于 2015 年和 2016 年对镜泊湖浮游植物优势种进行的研究结果类似[47]。在不同营养状况的水体中，浮游植物优势种属不同，绿藻门、金藻门和硅藻门的浮游植物在贫营养水体中占优势地位；甲藻门、绿藻门、硅藻门和隐藻门的浮游植物在中营养水体中占优势地位；蓝藻门、绿藻门、硅藻门和隐藻门的浮游植物在富营养水体中占优势地位；蓝藻门、绿藻门、硅藻门和裸藻门的浮游植物在重度富营养水体中占优势地位[48]。在本书涉及研究中，2018 年浮游植物优势种来自蓝藻门、绿藻门、硅藻门和裸藻门，2019 年浮游植物优势种来自蓝藻门、绿藻门、硅藻门、裸藻门和金藻门，说明乌梁素海经过综合治理，其水质在 2019 年比 2018 年有所改善。

4.6 结论

① 6 研究期间共鉴定出浮游植物 7 门 78 属 185 种，其中绿藻门 34 属 70 种，硅藻门 25 属 64 种，蓝藻门 12 属 31 种，裸藻门 4 属 15 种，甲藻门 1 属 3 种，金藻门和隐藻门各 1 种。

②乌梁素海浮游植物密度表现出季节性和区域性。整体上，2019 年浮游植物密度低于 2018 年浮游植物密度。2019 年乌梁素海入湖流量比 2018

年入湖流量高 $15.392 \times 10^6 \mathrm{m}^3$，浮游植物生长所需的氮磷营养盐被稀释，氮磷浓度降低，浮游植物密度减小。

③研究期间各采样点 Shannon-Wiener 多样性指数范围为 1.252 ~ 4.629，Margalef 丰富度指数范围为 1.061 ~ 4.921，Pielou 均匀度指数范围为 0.637 ~ 0.956。浮游植物生物多样性在季节和区域性上存在差异。

④根据出现频率大于 33.33%，优势度计算结果（ Y ≥ 0.02 ），调查期间乌梁素海共鉴定优势种 5 门 19 属 32 种，春季、夏季和秋季以硅藻门、蓝藻门、绿藻门为优势种，冬季以硅藻门和绿藻门为优势种。

第 5 章　乌梁素海健康评价指标体系构建

5.1　湖泊生态系统健康的概念和内涵

湖泊生态系统是流域与水体生物群落以及各种有机和无机物质相互作用和不断演化的产物，湖泊生态系统具有多种多样的功能：调蓄、改善水质、为动物提供栖息地、调节当地气候、为人类提供饮水与食物等[1,2,16]。地球上湖泊生态系统的总面积约为 270 万 km^2，约占陆地生态系统面积的1.8%。湖泊生态系统健康不仅包含生态学概念，还包含自然与社会综合性概念，符合可持续发展的理念，即一个健康的湖泊生态系统，不仅能够适应人类社会的和谐发展，而且能够保持自身的生态环境[49]。随着生态系统健康研究不断发展，湖泊生态系统健康不但注重研究湖泊的组分、功能和水体环境，还考虑了与人相关的因素，包括湖泊水质对人体健康影响和对社会经济发展功能等，逐渐发展成一门集环境科学、经济学、地球科学和社会科学于一体的综合性交叉学科[3]。湖泊作为水资源、生物资源和环境资源的重要载体，是人类赖以生存和发展的重要基础[50]。同时，对湖泊生态系统健康进行评价，有利于掌握湖泊变化趋势和健康状态。目前，国内外关于湖泊生态系统健康的研究方向主要集中在以下几个方面：

（1）生态系统健康的概念内涵

湖泊生态系统是生态系统研究的一个重要部分，能够为人类提供自然资源和生存环境等多种服务功能，并与社会经济、人类服务需求和生态环境等密切相关[16,51]。20 世纪 90 年代以来，我国河流健康问题一直备受关注，如水体污染、河床萎缩等问题[52]。纵观世界上湖泊生态系统的研究发展历程，湖泊生态系统的内涵尚没有明确的定义，主要包括两种内涵[53]，即自然属性和社会属性。湖泊生态系统是一个动态演变过程，在演变过程中，水体既要满足自身生态系统完整性，又要满足当前人类生存和发展过程中的社会需求。根据《河湖健康评价指南（试行）》，并结合我国基本国情和新形势的需要，提出了湖泊生态系统健康的新概念，即湖泊生态系统健康是指具有相对完整的自然生态系统结构，能够满足人类社会可持续发展需要；在一定的干扰条件下，可以采取措施进行自我修复或恢复湖泊生态功能[54]。

（2）生态系统健康评价体系

近年来，国内外研究学者对湖泊生态系统健康的研究成果较多[3]，各类湖泊健康评价指标体系在湖泊、森林、海洋等相关研究基础上不断改进、推出，形成一系列各具特色的评价指标体系。评价指标体系是对湖泊生态系统基本特征和基本条件的量化评价[51]。最早较多使用单因子评价指标评价湖泊健康状况，如生物多样性指标、结构能质、系统能质、化学机制等生态指标。安贞煜等[55]通过生态系统的结构能质和系统能质对洞庭湖生态系统健康状况进行评价，评价结果显示洞庭湖的水环境状况较差。徐姗楠等[56]利用底栖生物多样性综合评价大亚湾石化排污海域生态系统健康状况，大亚湾石化排污海域整体生态系统健康状况为一般状态。

随着生态系统健康研究的逐渐发展，对湖泊健康评价涵盖了物理、化学、水文、社会经济、人类服务需求等多方面评价指标体系[51,54]，构建包含目标层、准则层、指标层三个层次的多方面综合评价湖泊生态系统健康的评价指标体系。其中，目标层为湖泊生态系统健康，主要对湖泊生态系统状况、社会服务功能等因素进行全面评估。准则层主要将生态系统健康分为多个方面进行判定[57]。评价指标应根据所评价湖泊的生态系统特征及其管理目标进行选择[58]。粟一帆等[59]选用最小二乘法和熵系数法相结合的方法，从整体性、稳定性和可持续性3个方面的11个指标构建了生态系统健康评价指标体系，评价结果表明，汉江中下游河流生态健康状况呈现逐年降低趋势。史国锋等[60]采用CVOR综合指数方法，选取22个指标因子建立内蒙古草原生态系统健康评价指标体系，结果表明草原生态系统状态以警戒和不健康为主。蒋衡等[61]从压力、状态和响应3个方面指标构建磁湖生态系统健康评价指标体系，磁湖生态系统健康等级为一般健康状态。舒远琴等[62]对云南红河哈尼梯田湿地构建了包括生态特征、功能整合和社会与政治3个方面20个评价指标的健康评价指标体系。

研究者在前人研究的基础上构建更加符合湖泊实际情况的指标体系[60]。但指标体系的构建只针对具有连续性湖泊的健康评价，且评价体系过于主观，不能广泛应用于各类湖泊生态系统[59]。湖泊生态系统健康评价体系具有复杂性，虽取得了一定的进展，但指标体系的适用性仍存在问题[57]。未来需要将这些问题作为湖泊生态健康评价研究的重要内容，并归纳、总结出符合我国湖泊生态的健康评价指标体系[53]，以促进水生态系统健康评价发展，为解决我国湖泊生态问题提供技术支撑和管理手段[54]。

（3）生态系统健康评价方法和评价标准

目前，湖泊生态系统健康评价的代表方法有指示物种法和指标体系法，其中指标体系法又包含综合指数评估法、熵权法、层次分析法、主成分分析法、健康距离法等。在近年来的实际应用中，通过大量的文献调查，研究者常常将指标体系法中多种具体定量方法进行组合使用，并不固定使用某种单一方法[63]。

指示物种法的原理是在明确系统内物种的基础上，筛选出对湖泊内生物具有敏感性的指标，通过对地表水中一级生物、二级生物等敏感物种的生物量、生理指标变化状况进行现状调查和测量，从而对该区域湖泊水体健康状态进行评价[64]。Edwards等[65]利用鲑鱼作为指示物种对湖泊营养化程度进行数据检测。国内也有许多学者通过该方法对湖泊生态系统健康进行进一步研究，董婧等[66]通过利用水体中分解者微生物群落探索微生物完整性指数（M-IBI）评价标准构建方法，评价城市河道生态系统健康状况为健康状态。指示物种法的评价方法较为简单且表达能力有限，只能粗略评价湖泊生态系统健康状况[51]。林群等[67]采用鱼类生物完整性指数评价莱州湾水域生态系统健康状况，结果显示莱州湾水域生态健康状况较差。丁敬坤等[68]根据调查山东省胶州湾海域大型底栖动物数据，运用大型底栖动物生态学特征评估了胶州湾底栖生态系统健康状况，结果表明，胶州湾海域底栖生态系统受到中等程度干扰。由于指示物种法需要对不同生物进行大量的数据测试，不能全方位反映湖泊生态系统的健康状况，因此通常适用于某一个单一的生态系统[63]。

指标体系法，也称为综合评价法，是综合了多项指标，包括化学、生物、物理、水文、社会功能等多方面因素，并结合其相互协调性进行多方位评价，首先选择能够反映生态系统特征的评价指标，并在此基础上确定其在评价指标体系中的权重系数，从而对生态系统健康进行综合评价，以反映湖泊生态系统的健康程度[35]。Costanza等[11]提出了VOR框架模型，利用活力、组织、复原力三类指标对生态系统健康评价进行更全面地表达，使其与可持续发展的概念紧密结合[69]。汪海伦等[70]从压力、状态和响应指标3个方面构建PSR评价模型，评价会仙湿地生态系统健康评价体系处于亚健康状态。PSR模型能够清晰地反映湖泊生态系统与评价指标之间的关系，并考虑外界压力干扰和人类社会需求的因素，得出更加客观的评价结果[70]。杨颖等[71]基于土壤生态系统多功能性，以农田生态系统为例，采用灰色关联分析法构建农田土壤健康评价指标体系，验证表明土壤健康状况均处较高水平，同时基于多功能的土壤健康评价方法可以进一步探究土壤健康的长期变化趋势。指标体系法是较为常用的评价湖泊生态系统健康的方法，可以反映湖泊生态系统的环境承载力和环境恢复能力[2,72]，并在一定程度上弥补了指示物种法的缺点。吴苏舒等[73]以白马湖为研究对象，建立了基于熵权法的生态系统健康模糊综合评价模型，结果表明2016年白马湖生态系统健康状态为亚健康状态。模糊综合评价法能够对多个因素影响的指标做出综合评价，较多应用于湖泊生态系统评价中。指标体系法可以更好地反映生态与社会功能整体的复杂特性，能够针对生态系统数量、类型和指标特征做出综合性评价。

5.2 评价指标构建体系的原则

评价指标体系的建立要考虑多种因素影响，包括生态环境、经济条件和社会功能等。评价指标是将湖泊健康中较为抽象的内容转变为直观的、具体的可度量因子，不同水域根据其不同的管理制度对湖泊生态系统健康产生的影响不同。因此评价指标既要有代表性、科学性[35]，也要便于获取，要能够更好地解释湖泊健康的某种特征或属性。构建评价指标应遵循下列几项基本原则：

（1）科学性与客观性

湖泊生态系统健康评价指标的概念必须明确，湖泊生态系统健康评价体系的构建必须能够科学、客观地反映水环境系统内部结构关系和湖泊生态系统的健康状况，且具有一定的科学内涵[20,35]。

（2）代表性和易获取性

评价指标的选择要涉及不同地区的差异性，因此评价指标要在绝大多数地区湖泊特征进行选取且要易于获取。在选择指标时，指标应具有主导性、典型性和代表性等特点，以提高评价的可操作性和推广性[2,3,6]。

（3）层次性和系统性

湖泊生态系统是一个复杂的、多层次的、多因素的生态系统[51]。各要素之间要求内容真实、针对性强，注意避免重复，保持评价指标良好的层次性和相对独立性[6,49]。

（4）实用性和完整性

湖泊生态系统健康评价指标体系的构建是一个不断趋于完善的过程，不同评价指标应体现综合性强、覆盖面广的特性，并根据研究区域的变化做出相应调整[16,19]；系统地反映出湖泊生态系统的健康状况，尽可能使用主要的、关键性的指标[28,58]。

5.3　评价指标体系的建立

评价指标体系要能够反应湖泊生态系统主要特征和基本状况。根据湖泊生态系统健康的内涵和指标体系的选取原则，湖泊健康评价指标应与人类社会发展需求紧密联系，使健康的湖泊生态系统与人类社会经济协调发展。同时，评价指标体系的确定是湖泊生态系统健康评价内容的基础和关键，而健康状态的湖泊生态环境首先要能够维持系统内部结构和功能的稳定和完整，其次要具有一定的自我恢复能力，也应具备能够满足社会经济发展需要的服务属性[35]。根据乌梁素海的湖泊特征和属性，考虑乌梁素海湖泊地理位置、水文形态特征、湖泊营养状态以及流域周围人类社会经济发展状况和人类健康状况等特点，构建了基于压力—状态—响应（PSR）模型的乌梁素海湖泊生态系统健康评价体系。该体系包含物理完整性、生物完整性、化学完整性、水文完整性、社会服务功能完整性 5 个方面[51]，其中压力指标是指对于自然水环境系统所承受的外部作用安全性压力[35]，包括水文、物理、化学 3 个方面完整性；在压力指标作用下，湖区水域环境的改变将对区域人口、社会活动、经济等方面产生影响，从而形成循环的反应链；状态指标则指的是特定时间阶段的环境状态和环境变化情况[35]；响应指标是指采取行动来阻止、减轻、预防和纠正不利于人类活动生存和发展的生态系统环境变化的措施。

5.4　指标体系的筛选优化

由于评价所需指标较多，需要对评价指标之间的关联性进行研究，以便于对生态系统实施有效的管理措施，从而进一步筛选优化评价指标体系[51]，找出能反映乌梁素海湖泊生态系统健康状况的主要指标，构建更加精简、有效的健康评价指标体系，并对乌梁素海生态系统健康进行评估。结合乌梁素海的实际情况，并参照《湖泊健康评价技术导则》中湖泊评价指标体系表的评价指标，对评价指标进行筛选优化，使构建乌梁素海生态系统的指标体系更加完整、全面。本研究根据乌梁素海生态系统评价指标的现状年数据，主要采用主成分分析法和相关性分析法对 31 个评价指标进行筛选，选取具有指示性、独立性和显著性的指标，有效避免两个或两个以上相关性较高的指标影响最终综合评估结果，无法针对性地反映出湖泊健康状态。

5.4.1 主成分分析

主成分分析（principal components analysis，简称 PCA），主成分分析是利用对高维变量进行降维处理的思想，将多个变量通过线性变换以选出较少个数重要变量的一种多元统计分析方法 [35]。其中，每个综合指标（即主成分）都能够反映初级评价指标的大部分信息，在依据一定的理论体系确定评价指标体系之后，需要用样本数据进行主成分分析，去除一些指示性不强的指标，采用 SPSS26.0 统计软件对样本数据进行主成分分析。在 31 个主成分分析中总共提取出 4 个主成分，特征根值均大于 1，此 4 个主成分的方差解释率分别为 46.289%，26.950%，21.330%，5.431%，累积方差贡献率为 90.674%（见表 5–1）。

表 5–1 评价指标体系的主成分分析结果

指标	主成分			
	1	2	3	4
湖泊连通指数	0.826	0.502	0.139	-0.214
湖泊面积萎缩比例	0.950	-0.106	0.292	-0.017
岸线自然状况	0.824	0.274	-0.340	-0.362
违规开发利用水域岸线程度	0.321	0.201	-0.118	0.335
最低生态水位满足程度	0.687	0.154	0.166	-0.247
入湖流量变异程度	0.365	0.197	-0.781	0.099
底泥污染状况	-0.345	0.279	-0.327	-0.041
水质优劣程度	0.786	0.331	0.217	0.388
湖泊营养状态	0.846	0.489	0.319	0.483

续表

指标	主成分			
	1	2	3	4
水体自净能力	0.963	0.236	0.116	0.053
大型底栖无脊椎动物生物完整性指数	0.316	-0.391	0.226	0.341
鱼类保有指数	0.861	0.281	-0.324	0.272
水鸟状况	0.239	0.087	-0.167	-0.045
浮游植物密度	-0.930	0.349	-0.015	0.115
大型水生植物覆盖度	0.861	0.506	-0.050	0.017
防洪达标率	-0.032	0.438	0.237	0.866
供水水量保证程度	0.137	0.200	0.354	-0.040
湖泊集中式饮用水水源地水质达标率	0.176	-0.445	0.485	0.732
岸线利用管理指数	0.301	0.031	0.158	-0.105
公众满意度	0.749	0.375	0.189	0.289
总氮	-0.476	0.667	-0.029	-0.311
总磷	-0.140	0.274	0.608	0.084
溶解性总磷	0.175	0.336	-0.325	0.106
氨氮	-0.732	0.213	0.334	0.315
硝酸盐氮	0.257	0.262	-0.652	0.169
亚硝酸盐氮	-0.331	0.100	0.365	-0.084
化学需氧量	-0.603	0.358	0.164	0.011
悬浮物	-0.374	0.683	0.386	-0.225
叶绿素 a	-0.134	0.963	-0.209	-0.102
pH 值	0.816	0.264	-0.013	-0.125
透明度	0.246	-0.173	0.684	-0.068

　　采用方差最大正交旋转法对因子载荷矩阵进行旋转，选取因子载荷值大于 0.6 的指标并进行相关性分析，其余指标将不纳入最终评价指标。

　　第一主成分包括湖泊连通指数、湖泊面积萎缩比例、岸线自然状况、最低生态水位满足程度、水质优劣程度、湖泊营养状态、水体自净能力、鱼类保有指数、浮游植物密度、大型水生植物覆盖率、公众满意度、总磷、氨氮、化学需氧量、pH 值；第二主成分包括总氮、悬浮物、叶绿素 a。第三主成分包括入湖流量变异程度、透明度、硝酸盐氮；第四主成分包括

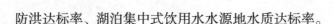

防洪达标率、湖泊集中式饮用水水源地水质达标率。

5.4.2 相关性分析

相关性分析是通过分析两个或多个具有相关性的变量指标来衡量其相关密切程度的统计方法[35]。

对上述筛选出的 21 个显著性指标进行皮尔逊相关性分析，结果表明，湖泊营养状态与总氮、总磷、化学需氧量、叶绿素 a、透明度呈显著相关，相关系数分别为 0.913、0.886、0.896、0.995、0.914；浮游植物密度与总氮、总磷、硝酸盐氮、叶绿素 a 呈显著相关，相关系数分别为 0.964、0.876、0.982、0.895、0.901；水质优劣程度与总氮、总磷、氨氮、化学需氧量、悬浮物、溶解氧、pH 值存在显著正相关关系，相关系数值分别是 0.994、0.977、0.992、0.988、0.826、0.941、0.883。因此，根据相关性分析结果，从相关性较高的两个或多个指标中选取一个指标作为最终评价指标，而与其他指标相关性较低的独立指数则作为最终评价指标。最后，选取的具有代表性和独立性的最终评价指标包括湖泊连通指数、湖泊面积萎缩比例、岸线自然状况、最低生态水位满足程度、入湖流量变异程度、湖泊营养状态、水质优劣程度、水体自净能力、鱼类保有指数、浮游植物密度、大型水生植物覆盖率、防洪达标率、湖泊集中式饮用水水源地水质达标率、公众满意度。

5.5 最终健康评价指标体系

根据评价指标筛选结果，采用组合赋权法构建一个 3 层次 14 个指标的湖泊生态系统健康评价指标体系，如图 5-1 所示：

（1）目标层

目标层对湖泊生态系统健康程度进行整体评价并得出结果，反映整个湖泊生态系统的健康状况。目标层包含 5 个等级：非常健康、健康、亚健康、不健康、病态。

（2）准则层

准则层主要评价湖泊生态系统某一方面的结构特征，针对该方面系统的结构完整性进行描述。在评价乌梁素海生态系统健康状况时，准则层主要包括 5 个方面：水文水资源、物理结构、化学结构、生物结构、社会服务功能。

（3）指标层

指标层是指对准则层的进一步解释说明，是评价生态系统健康的最基本指标，包括定性指标和定量指标[20,35,74]。

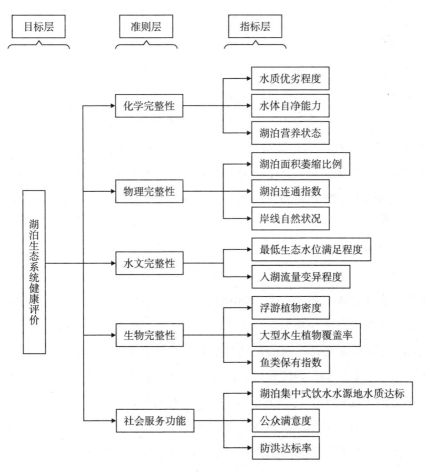

图5-1 乌梁素海生态系统综合健康评价指标体系

5.6 讨论

本章根据 2010 年《河流健康评估指标、标准与方法（试点工作用）（1.0 版）》中的相关要求，从物理结构、水文、化学、生物和社会服务功能 5 个方面构建了湖泊生态系统健康评价指标体系，并通过 5 个方面完整性的综合评价结果把湖泊生态系统健康状况分为非常健康、健康、亚健康、不健康、病态 5 个等级 [54]。其中，"水"包含水文和水化学 2 个方面，要考虑水体动力、水量、水质，并具有一定的水体自净能力；物理结构方面主要针对湖泊岸边结构稳定性、湖岸带状况以及乱采、乱建等现象对岸线的影响；生物方面需要考虑水体中大型底栖无脊椎生物、浮游动植物、鱼类状况和水生植物对水质产生的影响；社会服务功能方面能够满足人类防洪、生产生活、供水等方面需求。

在评价指标的选取上，由于南北方差异较大，湖泊生态特征、社会经济发展各不相同，因此针对评价指标的选取也有所不同 [16]。乌梁素海流域内森林、湿地、草地等生态资源丰富，生态系统类型全面，对保障区域生态安全和社会经济可持续发展起着重要作用 [6]。乌梁素海属于典型的草原型湖泊，具有生物多样性和环境保护等生态特征，同时还在西北地区的生态平衡和物种多样性保护等方面发挥着关键作用。乌梁素海具有四季分明、降水少、温差大、春短夏长等特点，它们对乌梁素海湖泊水环境状况产生了重要影响。由于人类活动的影响，乌梁素海水体产生消耗与补给不平衡的现象 [6]，使得湖泊水质和区域生态环境不断恶化，湖泊总面积也表现出一定程度的萎缩，从而对乌梁素海湖泊的渔业生产、珍稀物种以及湖泊周边生态环境的可持续发展等构成了威胁，引起国家和地方政府以及研究学者的重视和关注 [39]。近几年，经过政府的有效治理，乌梁素海水土流失状况得到有效控制，水环境质量也得到改善，周围居民的人居环境水平不断提高。针对乌梁素海的自然属性、湖泊生态环境特征以及周边社会经济状况，并结合国内研究学者对各地区湖泊生态系统健康的研究，确定出使用频度较高、内涵丰富的指标，根据指标筛选原则，选取了能够反映乌梁素海生态系统环境变化趋势及其对干扰和破坏较为敏感的评价指标。各评价指标相互补充、相互联系，更加全面地反映了乌梁素海湖泊生态系统健康的各个方面内容。

5.7 结论

本章依据《湖泊健康评价技术导则》中指标体系构建的基本原则，评价指标体系构建的基本步骤，结合乌梁素海的水文气象条件、生态、社会经济服务等特征，构建了包括目标层、准则层和指标层的3个层次14个评价指标组成的乌梁素海健康评价指标体系。其中，14个指标是通过主成分分析法和相关性分析法对初级评价指标进行筛选优化得到最终评价指标，最终评价指标具体包括湖泊连通指数、湖泊面积萎缩比例、岸线自然状况、最低生态水位满足程度、入湖流量变异程度、湖泊营养状态、水质优劣程度、水体自净能力、鱼类保有指数、浮游植物密度、大型水生植物覆盖率、防洪达标率、湖泊集中式饮用水水源地水质达标率、公众满意度。

第6章 乌梁素海生态系统完整性评价

6.1 评价指标归一化处理

指标值归一时，取序列中各时间点的相对最佳值为1，其余值则以其与最佳值的比值或比值的倒数作为归一化后的值[3,75]。若序列中各时间点中的最大值为相对最佳值，则其余值与最大值的比值作为其归一化后的值；若序列中各时间点中的最小值为相对最佳值，则其余值与最小值的比值的倒数作为其归一化后的值[3]。

6.2 水文完整性评价

水文完整性反映了湖泊水量和水流动力学特点，同时是湖泊生态系统健康评估的重要驱动力。湖泊水文特征变化会引起湖泊形态、水流流态和水质、动植物群落等变化，进而影响湖泊生态系统的结构和功能。目前，国内外研究学者对湖泊生态系统健康状况进行研究时，较多使用湖泊水文特征的相关指标，如生态流量、平均流速等评价指标。因此，结合乌梁素海的实际情况，本研究选取最低生态水位满足程度和入湖流量变异程度两个评价指标反映乌梁素海水文完整性。

6.2.1 最低生态水位满足程度

（1）评估指标内涵及计算方法

湖泊最低生态水位是保证生态系统结构稳定的最低标准，是维持湖泊生态系统不发生严重退化的最低水位[20]。湖泊水位变化的范围、频度等指标是控制湖泊生态系统的重要影响因子，是湖泊生态系统健康的重要保障。评价湖泊水位变化的指标包括最高水位、最低水位、正常水位和持续时间等。我国湖泊最低生态水位的研究方法包括天然水位资料法、湖泊形态法和生物空间最小需求法等；对于资料覆盖度不高的湖泊，可采用流域规划确定的生态水位最低值作为标准值。本研究对乌梁素海湖泊最低生态水位采用天然水位资料法进行确定。湖泊最低生态水位满足程度赋分标准见表6-1。

表6-1　最低生态水位满足程度赋分标准表

湖泊最低生态水位满足程度	赋分
年日均水位均高于最低生态水位	100
日均水位低于最低生态水位，但3日内平均水位不低于最低生态水位	75
3日内平均水位低于最低生态水位，但7日内平均水位不低于最低生态水位	50
7日内平均水位低于最低生态水位	30
60日内平均水位低于最低生态水位	0

（2）评估指标赋分

根据2019年《巴彦淖尔市水资源公报》统计结果显示，乌梁素海流域最低生态水位为1 019m，乌梁素海2015年至2019年日均水位为1 017.32m、1 017.32m、1 017.81m、1 018.14m、1 018.52m，但不低于3日内平均水位。由于河套灌区进行节水改造工程，排入乌梁素海水量减少，污染物大量被排放，使得湖区水质恶化、水体富营养化现象严重，因此，相比于20世纪90年代，乌梁素海水位有所下降。近年来，通过对乌梁素海进行生态补水和污染治理，湖区水环境质量明显改善，每年乌梁素海入湖水量约$4.5 \times 10^{8} m^{3}$，乌梁素海水位有上升趋势，但变化幅度不大。因此，根据最低生态水位赋分标准表计算得出乌梁素海 2015 年至 2019 年最低生态水位满足程度赋分值见表 6–2，乌梁素海 5 年内最低生态水位赋分值均在 90 分以上。

表 6–2　乌梁素海 2015 年至 2019 年最低生态水位满足程度赋分值

	2019 年	2018 年	2017 年	2016 年	2015 年
最低生态水位满足程度	92.85	93.44	91.25	90.00	90.00

6.2.2　入湖流量变异程度

（1）评估指标内涵及计算方法

入湖流量变异程度是指在目前开发状态下，评估环湖河流的入湖实测月径流量与天然月径流量的差异，反映了评估湖泊水资源开发利用对评估湖泊水文情势的影响程度。应统计环湖河流的入湖实测月径流量与天然月径流量平均偏离程度，按照公式（7）计算。该方法分辨率高、数据资料易收集，可以更好地反映入湖流量变异程度。评价赋分标准表如表 6–3所示。

$$FLI = \sqrt{\sum_{m=1}^{12}\left(\frac{r_m - R_m}{\bar{R}}\right)^2}$$

$$r_m = \sum_{n=1}^{N} r_n$$

$$R_m = \sum_{n=1}^{N} R_n \tag{7}$$

$$\bar{R} = \frac{1}{12}\sum_{m=1}^{12} R_m$$

式中：FLI——入湖流量变异程度；

r_m——所有入湖河流第 m 月实测月径流量（m³/s）；

R_m——所有入湖河流第 m 月天然月径流量（m³/s）；

$\bar{R}$——第 n 条入湖河流天然月径流量（m^3/s）；

N——所有入湖河流数量；

m——评价年内月份的序号。

表6-3　入湖流量变异程度赋分标准表

入湖流量变异程度	≤ 0.05	0.1	0.3	1.5	≥ 5
赋分	100	75	50	25	0

（2）评估指标赋分

乌梁素海湖泊水体整体流向是由南向北流动。乌梁素海主要于红圪卜扬水站内的总排干、八排干、九排干、水济渠、通济渠、塔布渠等渠道进入乌梁素海，影响乌梁素海日均入湖流量变化。根据监测数据显示，乌梁素海2015年月径流量为 0.04 ～ 0.31 m^3/s，2016年月径流量为 0.06 ～ 0.053 m^3/s，2019年乌梁素海月径流量最大流速达到 0.76 m^3/s，整体流速基于平稳，湖区内没有明显的流速变化。冬季乌梁素海冰封期湖水结冰，基本不存在河套灌区的农田排水，因此入湖流量明显变小，2015年至2019年冬季湖区平均流速均维持在 0.04 ～ 0.06 m^3/s。由于乌梁素海河套灌区秋灌时期，各排干灌区均排入乌梁素海，使得湖区排水量明显增大，2015年至2019年夏季湖区平均流速为 0.31 ～ 0.71 m^3/s。乌梁素海湖区整体流速变化不大，在2015年至2019年入湖流量变异程度相对平稳。根据入湖流量变异程度赋分标准表计算得出，2015年至2019年赋分值在 55.39 ～ 57.81 分（见表6-4）。

表6-4　乌梁素海2015年至2019年入湖流量变异程度赋分值

	2019年	2018年	2017年	2016年	2015年
入湖流量变异程度	0.222	0.233	0.232	0.248	0.246
赋分	57.81	56.72	56.81	55.21	55.39

6.3　物理结构完整性评价

由于经济社会的快速发展和人类活动的影响，湖泊形态结构发生变化，使得湖泊自然演变过程受到限制，用河湖滨岸状态、河湖连通状况、天然湿地保存情况等指标表达湖泊生态系统健康状况，对湖泊资源合理开发、利用和管理以及湖泊保护具有重要研究意义。湖泊形态结构健康状况的内涵主要包括湖泊的基本自然属性和湖泊的自然及社会功能两个方面，因此，本研究对乌梁素海湖泊形态结构健康评估选取湖泊连通指数、湖泊面积萎缩比例和岸线自然状况三个指标。

6.3.1　湖泊连通指数

（1）评估指标内涵及计算方法

湖泊连通指数是根据环湖主要入湖、出湖河流与湖泊之间的水流畅通情况，评价湖泊与湖泊流域水循环健康状况。较好的湖泊连通状况可以提高水流流速并增强水体自净能力，改善湖泊生态环境，维持湖泊生物物种多样性。同时，湖泊连通状况对湖泊防洪防汛的安全性具有重要保障。

湖泊连通指数计算公式为：

$$CIS = \frac{\sum_{n=1}^{Ns} CIS_n Q_n}{\sum_{n=1}^{Ns} Q_n} \tag{8}$$

式中：CIS——湖泊连通指数赋分；

Ns——环湖主要河流数量（条）；

CIS_n——评价年第 n 条环湖河流连通性赋分；

Q_n——评价年第 n 条河流实测的出（入）湖泊水量（万 m^3/年）。

（2）评估指标赋分

乌梁素海是河套灌区排水系统的重要组成部分，也是承接周边地区生活污水、工业废水和农田排水的排泄口。乌梁素海环湖的主要河流有总排干、八排干、九排干、通济渠、塔布渠、十排干、长济渠和退水渠，均属于人工调控河流。根据环湖河流赋分表计算得出，整体环湖连通性状况一般。从 2018 年开始，各级政府加大对乌梁素海治理工作力度，对乌梁素海湖泊进行生态补水 $5.8 \times 10^8 \text{m}^3$，2018 年乌梁素海入湖水量大大增加，水体交换能力增强，因此 2018 年湖泊连通指数赋分值相比于其他年份更高。根据湖泊连通指数赋分标准表计算得出，2015 年至 2019 年乌梁素海湖泊连通指数赋分值在 70.1 ～ 90.4 分（见表 6-5），2019 年乌梁素海湖泊连通指数赋分值高于 2015 年，说明近年来针对乌梁素海的湖泊治理和防控措施具有一定成效。

表 6-5 乌梁素海 2015 年至 2019 年湖泊连通指数赋分值

	2019 年	2018 年	2017 年	2016 年	2015 年
湖泊连通指数赋分	87.5	90.4	72.4	70.1	75.6

6.3.2 湖泊面积萎缩比例

（1）评估指标内涵及计算方法

湖泊萎缩状况反映了湖泊生态系统稳定性。随着社会经济快速发展以及人类对土地开垦利用加剧，导致湖泊沼泽化、水面面积和湖泊蓄水量等问题突出，使得湖泊生态系统功能降低。本研究采用评价年湖泊水面萎缩面积与历史参考年湖泊水面面积的比例表示，历史参考年选择 1996 年湖泊水面面积数据，按照公式（9）计算。湖泊面积萎缩比例赋分标准见表 6-6。

$$ASI = \left(1 - \frac{AC}{AR}\right) \times 100 \qquad (9)$$

式中：*ASI*——湖泊面积萎缩比例（%）；

$\qquad$ *AC*——评价年湖泊水面面积（km²）；

$\qquad$ *AR*——历史参考年湖泊水面面积（km²）。

表 6-6　湖泊面积萎缩比例赋分标准表

湖泊面积萎缩比例（%）	≤ 5	10	20	30	≥ 40
赋分	100	60	30	10	0

（2）评估指标赋分

乌梁素海是 1850 年后黄河改道南河后留下的一段河迹湖。据调查显示，乌梁素海在建国时期湖泊面积为约 800km²。20 世纪 60 年代，国家加强对水利建设工程的重视，改建河套灌区，并对乌梁素海湖泊进行围湖造田、减少黄河入湖水量等建设工程，使得湖面大面积萎缩。至 1973 年乌梁素海湖泊面积缩减至 227km²，湖区最高水位控制在 1 019.5m 以下，20 世纪 70 年代末，由于乌梁素海水位持续上涨，湖面面积增涨至 283km²。近几年持续保持稳定，变化幅度范围为 30km² 左右。选择 1996 年乌梁素海湖泊面积作为历史评价参考年数据，对乌梁素海湖泊面积萎缩比例进行赋分，计算得出 2015 年至 2019 年乌梁素海赋分值见表 6-7。1996 年乌梁素海湖面面积为 315.91km²，2015 年湖泊面积为 268.18km²，2019 年湖泊面积为 293km²，水域面积总体变化幅度不大、相对稳定，2015 年至 2018 年呈上升趋势，湖泊面积萎缩程度呈现逐年减小的状态，因此，湖泊面积萎缩比例的赋分值在 2015 年至 2019 年呈现从低到高的趋势。

表 6-7　乌梁素海 2015 年至 2019 年湖泊面积萎缩比例赋分值

	2019 年	2018 年	2017 年	2016 年	2015 年
湖泊面积萎缩比例	7.25%	10.32%	11.09%	13.64%	15.11%
赋分	82.08	59.04	56.79	49.03	44.60

6.3.3　岸线自然状况

（1）评估指标内涵及计算方法

岸线自然状况包括湖岸稳定性和岸线植被覆盖率。湖岸稳定性是用来评价湖泊生态系统的重要指标因子，具体表现为湖岸腐蚀程度，如湖岸冲刷状况、土壤和植被暴露、湖岸松动坍塌等。岸线植被覆盖率是指湖区植被的覆盖情况。岸线植被覆盖率状况可以反映湖泊水土流失情况和生态环境状况。通过岸线自然状况表征湖岸植被与自然条件下的差异，可以更好地评估湖泊生态系统状况。

岸线状况指标值计算公式为：

$$BS_r = (SA_r + SC_r + SH_r + SM_r + ST_r) / 5$$
$$PC_r = \sum_{i=1}^{n} \frac{L_{vci}}{L} \times \frac{A_{ci}}{A_{ai}} \times 100 \qquad （10）$$
$$BH = BS_r \times BS_w + PC_r \times PC_w$$

式中：BH——岸线状况赋分；

　　　BS_r——湖岸稳定性赋分；

　　　PC_r——岸线植被覆盖率赋分；

　　　BS_w——湖岸稳定性权重；

　　　PC_w——岸线植被覆盖率权重。

（2）评估指标赋分

乌梁素海流域土壤类型较多，如钙土、灌淤土、盐碱土、风沙土等；乌梁素海流域有农田防护林分布杨、柳等植被，在河漫滩和海子分布水生植被如芦苇等，在盐碱荒地分布盐碱植被如枸杞、沙棘等，在沙丘分布沙生植被如沙蒿等，在山麓阶地分布有荒漠草原植被，主要有柠条等。在实地调查中，乌梁素海部分湖岸结构有松动现象且有轻度冲刷，近80%的土地水土流失敏感性较低，但乌梁素海水体稳定性较高，因此湖岸近期不会发生破坏，湖岸稳定性赋分值为78分左右。由于植被覆盖率相对较好，目前整体土壤侵蚀并不严重，植被覆盖率为69%左右。根据2019年《乌梁素海综合治理规划》，乌梁素海治理取得阶段性成果，由表 6-8 可知，乌梁素海岸线自然状况在 2015 年至 2019 年赋分值呈逐年增长趋势，整体处于稳定状态。但由于人为活动对自然植被的长期破坏和改变，使得土壤侵蚀问题依然十分突出，对乌梁素海土壤侵蚀的防治要进一步加强。

表 6-8　乌梁素海 2015 年至 2019 年岸线自然状况赋分值

	2019 年	2018 年	2017 年	2016 年	2015 年
岸线自然状况赋分	82.0	80.0	78.1	76.3	75.0

6.4　化学完整性评价

湖泊水质状况是反映水环境质量的重要指标，能够简单、直观地反映湖泊生态系统健康状况。水质状况优劣程度与水生生物的生存状态密切相关，对湖泊生态系统功能的正常运行产生一定影响。通过对水质进行理化指标的测定，可以准确地反映出水体中污染物的形态和组成，并且监测效果好，操作简便。本研究选取水质、湖泊营养状态、水体自净能力三个指标进行乌梁素海湖泊化学完整性评价。

6.4.1　水质优劣程度

（1）评估指标内涵及计算方法

水质是水生生物生存、水体中各种物理过程和生物化学反应正常进行的基本要求，也是社会经济发展、生物和人体健康的重要保障。

水质优劣程度评分项指标（如总磷、总氮、溶解氧等）的选择应符合各地河湖长制水质标准考核的要求。本研究采用线性插值法对乌梁素海水质优劣程度赋分，水质类别的对照评分见表 6-9。

表 6-9　水质优劣程度赋分标准表

水质类别	Ⅰ，Ⅱ	Ⅲ	Ⅳ	Ⅴ	劣Ⅴ
赋分	[90，100]	[75，90）	[60，75）	[40，60）	[0，40）

（注：表格里中括号表示包含区间端点，小括号不包含区间端点。）

（2）评估指标赋分

2009 年之后，巴彦淖尔市加强乌梁素海污染源治理力度，实施生态保护与修复工程。至 2015 年，乌梁素海水质从劣Ⅴ类上升为Ⅴ类水质，水质逐步好转，湖泊生态系统功能逐步恢复。由表 6-10 可以看出，乌梁素海 2015 年至 2019 年水质综合污染指数在 0.938 ～ 1.473 之间，2019 年综合污染指数最小，说明 2019 年水质最优。因此，2019 年水质优劣程度赋分值最高为 73.24 分，乌梁素海水质达到Ⅳ类水质标准。2015 年至 2018年水质均为Ⅴ类水质标准，水质优劣程度赋分值在 40.89 ～ 42.35 之间浮动。

表 6-10　乌梁素海 2015 年至 2019 年水质优劣程度赋分值

	2019 年	2018 年	2017 年	2016 年	2015 年
综合污染指数	0.938	1.202	1.151	1.239	1.473
水质优劣程度	Ⅳ	Ⅴ	Ⅴ	Ⅴ	Ⅴ
赋分	73.24	41.01	40.89	41.19	42.35

6.4.2　湖泊营养状态

（1）评估指标内涵及计算方法

湖泊水体富营养化是指由于营养物质过量排入以及水体水生生物和浮

游植物的大量繁殖而导致湖泊水体中水质发生恶化的现象。

根据湖泊营养状态指数值确定湖泊营养状态赋分，赋分标准见表6-11。

表6-11　湖泊营养状态赋分标准表

湖泊营养状态指数	≤ 10	42	50	65	≥ 70
赋分	100	80	60	10	1

（2）评估指标赋分

选取总氮、总磷、叶绿素 a、化学需氧量、透明度 5 个指标数据，通过计算湖泊营养状态指数对乌梁素海 2015 年至 2019 年进行湖泊营养状态分级（见表 6-12）。结果表明，乌梁素海 2015 年至 2019 年湖泊营养状态指数在 58.86 ～ 70.43 之间，呈逐年上升的趋势，湖泊营养状态从重度富营养化转到轻度富营养化状态，2016 年至 2018 年乌梁素海湖泊状态为中度富营养化，2019 年乌梁素海水质处于轻度富营养状态。目前，乌梁素海污染物年均浓度值已达到水质要求的Ⅴ类标准，但化学需氧量、总氮等指标仍有超标现象，其中化学需氧量、总氮分别超出地表水环境质量Ⅴ类标准的 2.7 倍和 0.25 倍，整体达标情况不稳定。

表6-12　乌梁素海 2015 年至 2019 年湖泊营养状态赋分值

	2019 年	2018 年	2017 年	2016 年	2015 年
湖泊营养状态指数	58.858	61.677	65.835	67.096	70.433
湖泊营养状态分级	轻度富营养	中度富营养	中度富营养	中度富营养	重度富营养
赋分	30.53	21.06	8.33	4.18	0

6.4.3 水体自净能力

（1）评估指标内涵及计算方法

水中溶解氧含量是衡量水体自净能力的重要指标，溶解氧含量是指在水中溶解的氧的含量。溶解氧主要来源于大气复氧和植物光合作用释放氧，消耗溶解氧的途径主要为水体中好氧生物的呼吸作用和各类生化反应的耗氧过程。溶解氧是维持水生态系统动态平衡的重要参数，也是水质监测的重要环境因子。溶解氧对水生动植物十分重要，水体中溶解氧的含量过高和过低均会对水生生物造成不利影响，因此选择溶解氧衡量水体自净能力，水体自净能力赋分标准见表6-13。

表 6-13　水体自净能力赋分标准值

溶解氧浓度 mg/L	饱和度≥90%(≥7.5)	≥6	≥3	≥2	0
赋分	100	80	30	10	0

（2）评估指标赋分

由表6-14中可以看出，乌梁素海2015年至2019年水体中溶解氧最小值为5.58mg/L，最大值为6.944mg/L，分别出现在2017年和2019年。乌梁素海溶解氧含量5年内变化差距不大，维持在6mg/L左右，且满足国家地表水环境质量标准（GB3838-2002）中Ⅲ类标准，说明乌梁素海湖泊水体自净能力较强。因此，2015年至2019年乌梁素海湖泊水体自净能力赋分值在72.99～92.58分之间；2019年水体自净能力赋分值达到5年内最高值，为92.58分。

表 6-14　乌梁素海2015年至2019年水体自净能力赋分值

	2019年	2018年	2017年	2016年	2015年
水体自净能力	6.944	6.683	5.580	6.721	6.665
赋分	92.58	89.11	72.99	89.63	88.85

6.5 生物完整性评价

生物完整性是指经过长期演变形成的能够适应区域环境的生物群落组成、结构和功能，反映人类活动对湖泊威胁和湖泊自然生态演替的累积效果，通过综合群落组成、结构、物种性状和功能等指标参数描述生物完整性，反映湖泊生态健康状态。本研究根据乌梁素海的实际情况[6,20,31]和国内外参考文献调查结果[19,35,51,76,77,78]，筛选出鱼类保有指数、浮游植物密度、大型水生植物覆盖率3个指标表征乌梁素海生物完整性评价。

6.5.1 鱼类保有指数

（1）评估指标内涵及计算方法

鱼类保有指数用于评价现状鱼类种数与历史参考点鱼类种数的差异状况，按照公式（11）计算，赋分标准见表6-15。对于无法获取历史鱼类监测数据的评价区域，可采用专家咨询的方法确定。

$$FOEL = \frac{FO}{FE} \times 100 \qquad （11）$$

式中：$FOEL$——鱼类保有指数（%）；

FO——评价河湖调查获得的鱼类种类数量；

FE——1980年以前评价河湖的鱼类种类数量。

表6-15　鱼类保有指数赋分标准表

鱼类保有指数（%）	100	75	50	25	0
赋分	100	60	30	10	0

（2）评估指标赋分

根据资料调查显示，1980年乌梁素海湖泊共有鱼类22种，以鲤科鱼为主，其余有草鱼、鲶鱼、鳅鱼等种类[6]。在 1958 年以前，乌梁素海鱼类一直处于未被干扰的自然状态。十几年来，由于乌梁素海水环境演变以及周边渔民对湖泊水中鱼类的大量捕捞，使得水体中鱼类种群逐渐减少，加之在乌梁素海渔业发展初期对湖区投放大量外来鱼种，从而对乌梁素海本土鱼种群落造成影响，使得鱼类种群发生改变[20]。至 2015 年乌梁素海鱼类仅有 10 种，其中以鲫鱼为主要种类。近年来，通过对乌梁素海鱼类捕捞的控制以及水环境的变化，2019 年乌梁素海鱼类种类增加至 15 种，其中鲤鱼约有 5 种，占总种数的 62.5%。2015 年至 2019 年鱼类保有指数赋分值具体见表 6-16，2019 年乌梁素海鱼类种类虽低于 1980 年鱼类种类，但相比于其他年份鱼类种类逐渐增多，赋分值为 51.82 分，其他年份赋分值在 40 分左右浮动。

表 6-16 乌梁素海 2015 年至 2019 年鱼类保有指数赋分值

	2019 年	2018 年	2017 年	2016 年	2015 年
鱼类保有指数	68.18%	63.63%	59.09%	59.09%	45.45%
赋分	51.82	46.36	40.91	40.91	33.49

6.5.2 浮游植物密度

（1）评估指标内涵及计算方法

浮游植物是指在水中浮游生活的微小生物，是水生生态系统的主要生产者。当水体受到污染后，群落中易敏感的生物物种会减少或者消失。污染程度不同，减少或消失的生物种类不同，耐受污染的生物种类的个体数也会随之变化。水体中浮游植物大量繁殖会干扰生态系统物质循环和能量流动，从而引起水质的恶化，因此采用浮游植物密度来反映水体环境的状况，对水环境的评估和监测具有重要作用，应用直接评判赋分法对浮游植物密度进行赋分评价。浮游植物密度赋分标准见表 6-17。

表 6-17　湖泊浮游植物密度赋分标准表

浮游植物密度（万个/L）	≤ 40	200	500	1 000	≥ 5 000
赋分	100	60	40	30	0

（2）评估指标赋分

浮游植物密度的个数能够较好地反映浮游植物群落结构特征。水体中氮磷含量增多、水体富营养化现象严重均能引起湖泊中浮游植物的大量繁殖，造成湖泊发生水华现象。经监测得出，乌梁素海浮游植物密度在 2015 年为 5.07×10^7cells/L，在 2018 年为 2.74×10^7cells/L，在 2019 年为 5.68×10^6cells/L。2015 年至 2019 年乌梁素海水体中浮游植物密度逐年减少，湖泊水环境质量有初步改善。根据浮游植物密度赋分标准表，采用直接评判赋分法对乌梁素海浮游植物密度进行赋分，见表 6-18。结果表明，2015 年乌梁素海浮游植物密度赋分值为 0 分，2019 年浮游植物密度赋值达到 38.85 分，呈现逐年增加的趋势。

表 6-18　乌梁素海 2015 年至 2019 年浮游植物密度赋分值

	2019 年	2018 年	2017 年	2016 年	2015 年
浮游植物密度	5.68×10^6	2.74×10^7	4.07×10^7	4.42×10^7	5.07×10^7
赋分	38.85	16.94	6.99	4.35	0

6.5.3　大型水生植物覆盖率

（1）评估指标内涵及计算方法

大型水生植物作为湖泊生态系统的重要成分，对水生生物的生存环境和湖泊污染物净化作用具有重要影响。大型水生植物覆盖率是评价湖岸带湖向水域内的挺水植物、浮叶植物、沉水植物的总覆盖率，并采用直接评判赋分法。湖泊大型水生植物覆盖率赋分标准见表6-19。

表6-19　大型水生植物覆盖率赋分标准表

大型水生植物覆盖率（%）	>75	40～75	10～40	0～10	0
赋分	75～100	50～75	25～50	0～25	0

（2）评估指标赋分

乌梁素海湖区遍布着大量的芦苇等挺水植物，同时这些植物也在湖泊生态系统中传递着物质与能量。经野外采样调查，2015年至2019年乌梁素海开阔水域面积约为125km² 左右，其余均为天然和人工芦苇密集区。由此计算出，乌梁素海2015年至2019年大型水生植物覆盖率分别为70.13%、72.14%、78.66%、81.65%、84.8%，占湖泊总面积的约2/3。2015年至2019年乌梁素海大型水生植物覆盖率赋分值见表6-20，5年内大型水生植物覆盖率赋分值均在90分以上，2016年至2019年赋分值均为100分。

表6-20　乌梁素海2015年至2019年大型水生植物覆盖率赋分值

	2019年	2018年	2017年	2016年	2015年
大型水生植物覆盖率	84.8%	81.65%	78.66%	72.14%	70.13%
赋分	100	100	100	92.16	91.52

6.6　乌梁素海社会服务功能评价

湖泊的社会服务功能综合反映了湖泊在人类经济社会持续发展中所发挥出的贡献，是评估湖泊健康的主要内容之一。湖泊的社会服务功能不仅能够满足供水、防洪、景观、水产养殖等需求，也具有维护社会稳定、保障居民生命财产安全的功能。本研究选取湖泊集中式饮用水水源地水质达标率、防洪达标率和公众满意度来表征乌梁素海的社会服务功能。

6.6.1 湖泊集中式饮水水源地水质达标率

（1）评估指标内涵及计算方法

湖泊集中式饮用水水源地水质达标率是指达标的集中式饮用水水源地的个数占评价湖泊集中式饮用水水源地总数的百分比。湖泊集中式饮用水水源地水质达标率也反映湖泊各区域按水功能区划分标准的水质达标状况。其中，单个集中式饮用水水源地采用全年内监测的均值进行评价，评分参照表6-21。

$$湖泊集中式饮用水水源地水质达标率 = \frac{达标集中式饮用水水源地个数}{评价湖泊集中式饮用水水源地总数} \times 100$$

表6-21　湖泊集中式饮用水水源地水质达标率赋分标准表

湖泊集中式饮用水水源地水质达标率（%）	[95，100]	[85，95）	[60，85）	[20，60）	[0，20）
赋分	100	[85，100）	[60，85）	[20，60]	[0，20]

（注：表格里中括号表示包含区间端点，小括号表示不包含区间端点。）

（2）评估指标赋分

根据《地表水环境质量标准》（GB3838-2002）对乌梁素海湖泊集中式饮用水水源地水质进行评价。根据《巴彦淖尔市水资源公报》调查显示，2015年至2019年乌梁素海湖泊集中式饮用水水源地水质达标率分别为75.1%、78.0%、73.8%、72.4%、96.3%，整体增长20%左右，说明水质功能逐渐好转。由表6-22可知，乌梁素海2019年湖泊集中式饮用水水源地水质达标率赋分值达到 100 分，2015 年至 2018 年赋分值整体浮动不大。

表 6-22　乌梁素海 2015 年至 2019 年湖泊集中式饮水水源地水质达标率赋分值

	2019 年	2018 年	2017 年	2016 年	2015 年
湖泊集中式饮水水源地水质达标率	96.3%	72.4%	73.8%	78.0%	75.1%
赋分	100.0	72.4	73.8	78.0	75.1

6.6.2　防洪达标率

（1）评估指标内涵及计算方法

防洪达标率主要用来评估河道的安全泄洪能力，湖泊防洪措施设计的完善程度也是湖泊防洪功能的关键因素。湖泊防洪功能是维持河流良好形态的基本要求，也是评价湖泊堤防和环湖建筑物防洪达标情况。湖泊防洪达标率统计达到防洪标准的堤防长度占湖泊堤防总长度的比例，按照公式（12）计算。湖泊防洪达标率赋分标准见表 6-23。

$$FDLI = \left(\frac{LDA}{LD} + \frac{GWA}{DW} \right) \times \frac{1}{2} \times 100 \qquad （12）$$

式中：$FDLI$——湖泊防洪工程达标率（%）；

LDA——湖泊达到防洪标准的堤防长度（m）；

LD——湖泊堤防总长度（m）；

GWA——环湖达标口门宽度（m）；

DW——环湖口门总宽度（m）。

表 6-23　防洪达标率赋分标准表

防洪达标率（%）	≥ 95	90	85	70	≤ 50
赋分	100	75	50	25	0

（2）评估指标赋分

乌梁素海具有调蓄洪水、防洪防汛的作用，是维系黄河水系的重要保障。每年从三盛公水利枢纽向乌梁素海排入大量凌汛期黄河水，有效减轻了河槽的蓄水量，降低了黄河凌汛期水位，保护了周围居民安全。经计算得出，乌梁素海 2015 年至 2019 年防洪达标率和赋分值见表 6-24。结果表明，乌梁素海防洪达标率呈逐年增高趋势，但整体浮动变化不大。2015 年至 2019 年乌梁素海防洪达标率赋分值从 27.52 分上升到 88.76 分，说明防洪设施建设较为牢固。

表 6-24　乌梁素海 2015 年至 2019 年防洪达标率赋分值

	2019 年	2018 年	2017 年	2016 年	2015 年
防洪达标率	92.75	89.66	88.17	83.49	81.25
赋分	88.76	73.30	71.84	31.32	27.52

6.6.3　公众满意度

（1）评估指标内涵及计算方法

公众满意度是公众对湖泊环境、水质水量、涉水景观等满意程度的评价，采用公众问卷调查方法，向专家、游客和当地居民等相关人员进行调查，其赋分取评价流域内参与调查的公众赋分的平均值。公众满意度的赋分标准见表 6-25。

表 6-25 公众满意度指标赋分标准表

公众满意度	[95，100]	[80，95）	[60，80）	[30，60）	[0，30）
赋分	100	80	60	30	0

（注：表格里中括号表示包含区间端点，小括号表示不包含区间端点。）

（2）评估指标赋分

根据文献数据调查以及《巴彦淖尔统计年鉴》等参考资料，本研究于2019年对乌梁素海周边居民、相关工作人员、游客等人员开展公众满意度问卷调查，共计发放调查表 300 份，实际收回 280 份。统计结果表明，2019 年乌梁素海公众满意度为 96.2 分，其赋分值为 100 分。根据 2015 年至 2018 年公众满意度，参考相关文献以及巴彦淖尔市生态环境局提供的相关数据，计算得出乌梁素海公众满意度赋分值，见表 6-26。其中，2017年至 2019 年乌梁素海公众满意度赋分值均为 100 分，说明人们对于乌梁素海环境状况处于满意状态。

表 6-26 乌梁素海 2015 年至 2019 年公众满意度赋分值

	2019 年	2018 年	2017 年	2016 年	2015 年
公众满意度	96.2	98.9	99.6	92.3	94.5
赋分	100	100	100	80	80

6.7 讨论

在对乌梁素海生态系统完整性评价中，通过对物理完整性、水文完整性、化学完整性、生物完整性和社会服务功能完整性 5 个方面完整性进行湖泊生态系统健康评价，并根据各评估指标的评估标准和湖泊健康水平的总体评价标准对 2015 年至 2019 年各指标进行赋分。

在水文完整性指标中，最低生态水位满足程度的赋分值在 90 分以上，入湖流量变异程度赋分值在 55 分左右，乌梁素海水文完整性整体较为稳定。由于近几年相关部门对乌梁素海进行生态补水和修复治理，入湖水量逐渐增加直至稳定，退化现象明显改善，湖区内流速基本趋于平稳，整体流向呈现由北向南的状态，流速变化状况一般，湖泊实际水位满足最低生态水位，能够维持生态系统平衡。

在物理完整性指标中，湖泊连通指数赋分值为 70.1 ~ 90.4 分，湖泊面积萎缩比例赋分值为 44.6 ~ 82.08 分，岸线自然状况赋分值为 75 ~ 82 分，3 个指标均呈现增长的趋势。2015 年乌梁素海物理完整性相对较差，受到气候条件、自然资源和人为干扰等因素的影响。乌梁素海接纳周围地区洪水的径流补给，其他沟渠从黄河引水补给乌梁素海，同时污废水通过总排干进入乌梁素海，且所有这些河流都是人工控制的，因此湖泊连通指数相对较好，处于亚健康状态。乌梁素海通向黄河的渠道受到闸坝控制，湖泊萎缩程度减少，湖泊面积基本保持稳定。湖泊连通状况的改善使得湖泊水体交换、水位等因素较为稳定，乌梁素海湖岸周围多为砂质黏土土壤，在湖岸带的一些地区仍然有湖岸坍塌等现象，但人工干扰程度较低，湖泊水位较为稳定，因此湖岸稳定性相对较好。

在化学完整性指标中，水质优劣程度赋分值为 42.35 ~ 73.24 分，湖泊营养状态赋分值为 0 ~ 30.53 分，水体自净能力赋分值在 88 分左右，化学完整性整体处于上升趋势，2019 年乌梁素海水质状况已达到Ⅳ类水质标准。2005 年以来，巴彦淖尔市加强对乌梁素海生态补水工程的管理，2015 年至 2019 年累积进行生态补水共计超过 $21 \times 10^8 m^3$，有效地改善了乌梁素海水质，同时水体富营养化程度得到了明显好转；但湖区局部时段存在部分污染物超标的现象，并没有达到持续稳定的状态，乌梁素海污染控制仍需重点关注。

在生物完整性指标中，鱼类保有指数赋分值为 33.49 ~ 51.82 分，浮游植物密度赋分值为 0 ～ 38.85 分，大型水生植物覆盖率赋分值在 90 分以上。其中，鱼类保有指数和浮游植物密度完整性较差，但在 2015 年至 2019 年整体趋于上升趋势。乌梁素海水质的改善使得水体富营养化程度降低，从而浮游植物数量相比于之前有明显的降低，浮游植物密度呈现减少状态，生物多样性有所恢复。虽然浮游植物密度有明显的改善，但其赋分值仍较低，整体处于不健康状态。湖泊中遍布大量的水草和芦苇，湖泊中大型水生植物覆盖率较高，2017 年至 2019 年的赋分值达到 100 分。

在社会服务功能完整性指标中，湖泊集中式饮用水水源地水质达标率赋分值为 72.4 ～ 100 分，防洪达标率赋分值为 27.52 ～ 88.76 分，公众满意度赋分值为 100 分左右。防洪达标率呈现逐年上升的趋势，已达到健康状态。对于防洪防汛等方面的治理已经达到较好效果，集中式饮用水水源地水质达标率和公众满意度赋分值在 2019 年均为 100 分，说明公众对于乌梁素海生态环境改善较为满意。

6.8 结论

本章阐述了 14 个评价指标的含义和量化方法，根据评价指标的评价标准对各指标进行度量，确定了各个评价指标的赋分值，并分析讨论各指标分值的变化规律和产生的原因，为下一步计算湖泊健康综合指数和对乌梁素海湖泊综合健康进行评价做好了铺垫。最终从乌梁素海生态系统的 5 个方面完整性得出以下结论：

①水文完整性指标在 2015 年至 2019 年整体较为稳定，最低生态水位赋分值保持在 90 分以上，入湖流量变异程度维持在 55 分左右，乌梁素海水文完整性方面处于亚健康状态。

②从 2015 年至 2019 年物理完整性 3 个指标赋分值变化情况来看，湖泊连通指数赋分值为 75.6 ～ 87.5 分，湖泊面积萎缩比例赋分值为 44.6 ～ 82.08 分，岸线自然状况赋分值为 75 ～ 82 分，均呈现逐年增长的趋势。乌梁素海物理完整性方面在 5 年内由亚健康状态转为健康状态。

③在化学完整性中，水质优劣程度和湖泊营养状态赋分值呈逐年上升的趋势。由于近年来国家和政府对水污染防治的重视，乌梁素海水质已经有明显的改善，其赋分值分别为 42.35 ～ 73.24 分、0 ～ 30.53 分。水体自净能力赋分值维持在 88 分左右。乌梁素海水质状况在 2015 年至 2019 年从病态转变为不健康状态，对湖泊水质的治理仍需要引起重视。

④乌梁素海生物完整性方面，鱼类保有指数和浮游植物密度有显著的提高，大型水生植物覆盖率相对保持稳定，其赋分值在 90 分以上。鱼类保有指数赋分值为 33.49 ～ 51.82 分，浮游植物密度赋分值为 0 ～ 38.85 分。

⑤社会服务功能完整性主要从防洪达标率、湖泊集中式饮用水水源地水质达标率、公众满意度 3 个指标进行评价，乌梁素海社会服务功能为健康状态。3 个评价指标赋分值相对比较高，其中防洪达标率赋分值为 27.52 ～ 88.76 分，湖泊集中式饮用水水源地水质达标率赋分值为 72.4 ～ 100 分，公众满意度维持在 100 分。

第7章 乌梁素海综合健康评价

7.1 权重确定方法

评价指标权重的确定是构建湖泊健康评价体系的关键内容，能够影响湖泊生态系统健康评价结果的客观性和公平性[31]。目前，通过国内外研究学者的大量研究，权重确定的方法主要分为主观赋权法、客观赋权法和综合赋权法三大类。主观赋权法是指专家根据各指标含义和所反映的作用大小来确定指标权重值，易受专家主观意识影响而存在误差[79,80,81]。主观赋权法包括层次分析法、环比评分法等。客观赋权法是指由评价指标构成的判断矩阵来确定指标权重，能有效地避免主观因素确定权重时产生的影响，使评价结果更准确。客观赋权法包括熵权法、主成分分析法等[82]。组合赋权法一般通过两种或两种以上的评价方法确定权重，结合主观赋权法和客观赋权法的作用和影响[83]，消除了单一权重的片面性，削减了决策人的主观偏见，使权重分配更加准确，评价结果更加具有真实性和科学性[84,85]。

7.1.1 层次分析法

层次分析法是由美国萨蒂（Saaty.T.L）教授提出的一种将复杂问题条理化的系统分析方法，通过定性分析和定量分析相结合的具有系统性和层次性的分析过程，能够有效地处理具有多因子、多层次的复杂问题，能够较好地衡量各指标之间的相对重要性[86]。目前，层次分析法被广泛用于湖泊健康的评价过程中。

层次分析法的具体分析步骤[87,88]主要分为：

第一步，构造判断矩阵，层次分析法构造判断矩阵的标准见表7-1。

表7-1　判断矩阵标度及其含义

标度值	含义
1	表示两个元素相比，具有同样重要性
3	表示两个元素相比，前者比后者稍重要
5	表示两个元素相比，前者比后者明显重要
7	表示两个元素相比，前者比后者强烈重要
9	表示两个元素相比，前者比后者极端重要
2，4，6，8	表示上述相邻判断的中间值
倒数	若因素 i 与因素 j 重要性之比为 bij，则因素 j 与因素 i 重要性之比为 $bji=1/bij$

第二步，求判断矩阵的最大特征值和对应的特征向量，利用一致性指标和一致性比率对判断矩阵作一致性检验，计算公式如下：

$$\lambda_{\max} = \frac{1}{n}\sum_{i=1}^{n}\frac{(Bp)_i}{p_i}$$

$$CI = \frac{\lambda_{\max}-n}{n-1} \tag{13}$$

$$CR = \frac{CI}{RI}$$

式中：$\lambda_{\max}$——判断矩阵的最大特征根；

Bp_i——各评价指标权重组成的列向量；

CI——一致性指标；

RI——平均随机性一致性指标；

CR——随机一致性比率。

第三步，将计算得到的特征向量作归一化处理，得到权重向量（Wj）；反之，将重新构造判断矩阵。

本研究为确保权重值的准确性，通过咨询专家组意见对乌梁素海湖泊构建健康评价体系指标进行层次分析评判，按准则层中的水文完整性、物理完整性、化学完整性、生物完整性和社会服务功能完整性5个方面分析结果见表7-2。

表7-2 准则层要素的特征向量和权重系数

准则层	$B1$	$B2$	$B3$	$B4$	$B5$	特征向量	Wj
水文完整性（$B1$）	1	1/2	1	1/3	1/7	0.438	0.088
化学完整性（$B2$）	2	1	2	1/2	1	0.968	0.194
物理完整性（$B3$）	1	1/2	1	1/3	1/2	0.515	0.103
生物完整性（$B4$）	3	2	3	1	2	1.753	0.351
社会服务功能（$B5$）	7	1	2	1/2	1	1.325	0.265

λ_{max}=5.246，CI=0.062，CR=0.055。

综合可得乌梁素海生态系统健康评价指标体系各评价指标权重见表7-3至表7-7。

表7-3 水文完整性评价指标权重系数表

水文完整性（$B1$）	$C1$	$C2$	特征向量	Wj
最低生态水位满足程度（$C1$）	1	3	1.5	0.75
入湖流量变异程度（$C2$）	1/3	1	0.5	0.25

λ_{max}=2.000，CI=0，CR=0。

表 7-4　化学完整性评价指标权重系数表

化学完整性（B2）	C3	C4	C5	特征向量	Wj
水质优劣程度（C3）	1	1/3	1/2	0.491	0.164
湖泊营养状态（C4）	3	1	2	1.617	0.539
水体自净能力（C5）	2	1/2	1	0.892	0.297

$\lambda_{\max}$=3.009，CI=0.005，CR=0.009。

表 7-5　物理完整性评价指标权重系数表

物理完整性（B3）	C6	C7	C8	特征向量	Wj
湖泊连通指数（C6）	1	1/5	1/2	0.367	0.122
湖泊面积萎缩比例（C7）	5	1	3	1.944	0.648
岸线自然状况（C8）	2	1/3	1	0.690	0.231

$\lambda_{\max}$=3.004，CI=0.002，CR=0.004。

表 7-6　生物完整性评价指标权重系数表

生物完整性（B4）	C9	C10	C11	特征向量	Wj
鱼类保有指数（C9）	1	1/2	2	0.892	0.297
浮游植物密度（C10）	2	1	3	1.617	0.539
大型水生植物覆盖率（C11）	1/2	1/3	1	0.491	0.164

$\lambda_{\max}$=3.009，CI=0.005，CR=0.009。

表 7-7　社会服务功能完整性评价指标权重系数表

社会服务功能（B5）	C12	C13	C14	特征向量	Wj
防洪达标率（C12）	1	1	1/5	0.429	0.143
湖泊集中式饮用水水源地水质达标率（C13）	1	1	1/5	0.429	0.143
公众满意度（C14）	5	5	1	2.143	0.714

$\lambda_{\max}$=3.000，CI=0，CR=0。

7.1.2　熵权法

熵权法是根据各个指标所提供信息的变异程度来确定权重的一种客观赋权法。熵可以度量数据所提供的有效信息，某个指标的信息熵越小，表明指标提供的信息有效值越大，其包含的信息量越多，权重也就越大；反之，权重越小[89,90]。熵权法具有客观性强、操作简便、可信度高的优点，并能消除各因素权重的主观性，使评价结果更贴合实际[91]。

熵权法计算步骤如下[92,93]：

第一步，确定 n 个样本 m 个评价指标的初始评价矩阵为：

$$R = \left(x_{ji}\right)_{n \times m} \tag{14}$$

第二步，将初始评价矩阵进行归一化处理，得到新的评价矩阵 B，B 的表达式为：

$$B = \frac{x_{ji} - x_{\min}}{x_{\max} - x_{\min}} \tag{15}$$

式中：$x_{\min}$、$x_{\max}$ 为同指标下不同样本中最满意者或最不满意者（越小越满意或越大越满意）。

第三步，根据熵的定义，n 个样本 m 个评价指标，计算评价指标的熵为：

$$H_i = -\frac{1}{\ln n}\left(\sum_{j=1}^{n} f_{ji} \ln f_{ji}\right)$$

$$f_{ji} = \frac{1 + b_{ji}}{\sum_{j=1}^{n}\left(1 + b_{ji}\right)} \tag{16}$$

第四步，根据熵值确定各评估指标的熵权为：

$$S_i = -\frac{1 - H_i}{m - \sum_{i=1}^{m} H_i} \tag{17}$$

根据上述公式，计算得到乌梁素海 2015 年至 2019 年归一化值、信息熵值 H_i 和熵权值 S_i 见表 7-8、表 7-9、表 7-10。

表 7-8　乌梁素海准则层指标的熵权值

准则层	信息熵值 Hi	熵权值 Si
水文完整性	0.827	0.333
化学完整性	0.914	0.166
物理完整性	0.946	0.104
生物完整性	0.942	0.113
社会服务功能	0.852	0.285

表 7-9　乌梁素海 2015 年至 2019 年指标层各评价指标归一化值

评价指标	归一化值				
	2015 年	2016 年	2017 年	2018 年	2019 年
湖泊连通指数	0.271	0.000	0.113	1.000	0.857
湖泊面积萎缩比例	1.000	0.813	0.489	0.391	0.000
岸线自然状况	0.000	0.186	0.443	0.714	1.000
最低生态水位满足程度	0.000	0.000	0.363	1.000	0.828
入湖流量变异程度	0.923	1.000	0.385	0.423	0.000
水质优劣程度	1.000	0.563	0.398	0.493	0.000
湖泊营养状态	1.000	0.712	0.603	0.244	0.000
水体自净能力	0.795	0.837	0.000	0.809	1.000
鱼类保有指数	0.600	0.600	0.600	0.800	1.000
浮游植物密度	1.000	0.856	0.778	0.482	0.000
大型水生植物覆盖率	0.000	0.141	0.598	0.807	1.000
防洪达标率	0.000	0.195	0.602	0.731	1.000
湖泊集中式饮用水水源地水质达标率	0.113	0.234	0.059	0.000	1.000
公众满意度	0.301	0.000	1.000	0.904	0.534

表 7-10　乌梁素海各评价指标熵权值

评价指标	信息熵值 H_i	熵权值 S_i
湖泊连通指数	0.725	0.093
湖泊面积萎缩比例	0.833	0.057
岸线自然状况	0.788	0.072
最低生态水位满足程度	0.667	0.113
入湖流量变异程度	0.821	0.061
水质优劣程度	0.835	0.056
湖泊营养状态	0.815	0.063
水体自净能力	0.868	0.045
鱼类保有指数	0.858	0.048
浮游植物密度	0.853	0.051
大型水生植物覆盖率	0.782	0.074
防洪达标率	0.801	0.067
湖泊集中式饮用水水源地水质达标率	0.584	0.141
公众满意度	0.818	0.062

7.1.3　组合赋权法

　　针对主观与客观赋权方法的优缺点，采用组合赋权法，根据乌梁素海实际情况耦合了不同的权重方法，实现了主观与客观内在统一性，以弥补单一赋权带来的不足，使评价结果更具有真实性、可靠性和科学性[94]。该方法在排除影响评价者主观因素的同时，也能有效地解决熵权法计算时存在的各个指标实际适用性等问题，且其权重系数比单独使用一种计算方法更准确合理[50,58]。采用层次分析法和熵权法相结合的组合赋权法计算其综合权重，其计算公式如下：

$$W_i = \lambda S_i + (1 - \lambda) P_i \qquad (18)$$

式中：W_i——组合平均赋权；

S_i——熵权重；

P_i——层次分析法确定的权重；

λ——偏好系数，取值为 0.5。

7.1.4　权重赋值

通过对乌梁素海生态系统运用层次分析法和熵权法进行综合赋权，乌梁素海生态系统健康评价体系的权重赋值结果见表 7-11 和表 7-12。

表 7-11　乌梁素海生态系统健康评价准则层综合权重

目标层	准则层	层次分析法	熵权法	组合赋权值
乌梁素海生态系统健康评价	物理完整性	0.103	0.104	0.057
	水文完整性	0.088	0.333	0.156
	化学完整性	0.194	0.166	0.172
	生物完整性	0.351	0.113	0.212
	社会服务功能	0.265	0.285	0.403

表 7-12　乌梁素海生态系统健康评价指标层综合权重

指标层	层次分析法	熵权法	组合赋权值
湖泊连通指数	0.122	0.093	0.1075
湖泊面积萎缩比例	0.648	0.057	0.3525
岸线自然状况	0.231	0.072	0.1515
最低生态水位满足程度	0.75	0.113	0.4315
入湖流量变异程度	0.25	0.061	0.1555
水质优劣程度	0.164	0.056	0.11
湖泊营养状态	0.539	0.063	0.301
水体自净能力	0.297	0.045	0.171

指标层	层次分析法	熵权法	组合赋权值
鱼类保有指数	0.297	0.048	0.1725
浮游植物密度	0.539	0.051	0.295
大型水生植物覆盖率	0.164	0.074	0.119
防洪达标率	0.143	0.067	0.105
湖泊集中式饮用水水源地水质达标率	0.143	0.141	0.142
公众满意度	0.714	0.062	0.388

7.2 综合健康指数

确定乌梁素海生态系统健康评价的各指标归一化处理及权重后，将其代入公式（19）中，计算得到乌梁素海生态系统综合健康赋分，并依据健康评价标准确定乌梁素海 2015 年至 2019 年的健康等级，见表 7–13。相关健康评价赋分图表见表 7–14、表 7–15，以及图 7–1、图 7–2。

$$RHI = \sum_{}^{m}\left\{ YMB_{mw} \times \sum_{}^{n}\left(ZB_{mw} \times ZB_{nr} \right) \right\} \qquad (19)$$

式中：RHI——乌梁素海生态系统综合健康赋分；

ZB_{nw}——指标层第 n 个指标的权重；

ZB_{nr}——指标层第 n 个指标的赋分；

YMB_{mw}——准则层第 m 个准则层的权重。

表 7–13 湖泊健康评价分类标准表

分类	状态	赋分范围	颜色
一类湖泊	非常健康	$80 \leqslant RHI \leqslant 100$	蓝▲
二类湖泊	健康	$60 \leqslant RHI < 80$	绿▲

分类	状态	赋分范围	颜色
三类湖泊	亚健康	$40 \leqslant RHI < 60$	黄▲
四类湖泊	不健康	$20 < RHI < 40$	橙▲
五类湖泊	病态	$RHI < 20$	红▲

表 7–14　乌梁素海 2015 年至 2019 准则层健康评价赋分值

综合健康指数	2019 年	2018 年	2017 年	2016 年	2015 年
物理完整性	61.42	51.61	47.62	43.64	42.36
水文完整性	30.36	30.04	29.83	29.14	29.20
化学完整性	33.08	26.09	19.49	21.12	19.85
生物完整性	32.30	24.89	21.02	19.31	16.67
社会服务功能	61.90	56.81	56.75	43.68	42.83

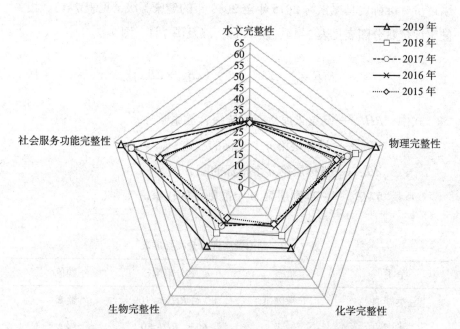

图 7-1　乌梁素海 2015 年至 2019 年准则层健康评价赋分图

表 7-15 乌梁素海 2015 年至 2019 年湖泊生态系统健康评价

	2019 年	2018 年	2017 年	2016 年	2015 年
湖泊健康赋分值	48.21	42.74	40.49	35.49	34.33
湖泊健康状态	亚健康	亚健康	亚健康	不健康	不健康
湖泊健康分类	三类湖泊▲	三类湖泊▲	三类湖泊▲	四类湖泊▲	四类湖泊▲

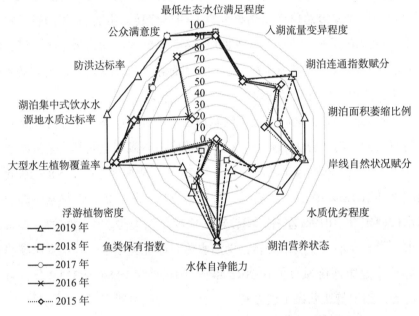

图 7-2 乌梁素海 2015 年至 2019 年湖泊健康评价指标赋分图

7.3 讨论

由表 7-15 计算结果表明，2019 年乌梁素海湖泊生态系统健康赋分值为 48.21 分，湖泊健康状态为亚健康，健康评价赋分值最高。从 2015 年至 2019 年乌梁素海生态系统健康赋分值整体呈上升趋势，湖泊健康赋分值由 34.33 分上升为 48.21 分，健康状态由不健康向亚健康好转，但总体上乌梁素海生态系统健康较差。乌梁素海生态系统 2015 年和 2016 年综合健康赋分值分别为 34.33 分和 35.49 分，湖泊健康状态为不健康。2017 年至 2019 年综合健康赋分值为 40.49 ～ 48.21 分，波动性不大，湖泊生态系统健康状态为亚健康状态。

冯丽红等[31]对乌梁素海 2002 年至 2009 年化学和社会服务功能方面进行生态系统健康评价，认为整体处于较差状态，其中水质指标化学需氧量、总氮、总磷年均值均超过水环境质量 V 类标准，超标率为 100%。对比发现，乌梁素海总体生态系统健康有明显好转，由 2009 年的较差状态转变为亚健康状态。2002 年至 2009 年乌梁素海水质均为劣 V 类，研究结果显示，2019 年乌梁素海水质已达到Ⅳ类标准，乌梁素海水质得到较为明显改善，使得"黄苔"暴发现象得到有效控制。

在水文完整性方面湖泊健康状态均处于不健康状态。由于近年来相关部门对乌梁素海实行生态补水工程，乌梁素海入湖水量包括农业退水、生态补水、山洪水和城市生活污水等，且 2018 年增加生态补水 $5.8 \times 10^8 m^3$，山洪水补给 $1.2 \times 10^8 m^3$，使乌梁素海入湖流量大量增加，乌梁素海湖泊生态水位稳定在 1 019m 左右，能够较好地满足鱼类等水生生物的生存条件要求，同时湖泊水质逐渐好转，湖泊水体自净能力增强。乌梁素海湖泊化学完整性健康评价赋分值在 2015 年至 2019 年为 19.85 ～ 33.09 分，呈上升趋势，湖泊健康状态由较差转为不健康，说明乌梁素海水环境质量有所提高。根据《巴彦淖尔统计年鉴》调查，2015 年至 2019 年每年均化肥施用量 28.1 万 t，农药使用量 1 549t，除回收利用和部分挥发至空气中外，其余随退水排入乌梁素海中，导致水体中内源性污染严重，氮磷含量增加，水体富营养化程度加剧。乌梁素海每年 11 月开始进入长达 5 ～ 6 个月的冰封期，使得水体流动性变小，在结冰过程中污染物由冰向水中迁移，使得冰封期水体中浮游植物和污染物浓度高于非冰封期。在冻融过程中，冰介质的增加会影响污染物在湖泊中的迁移转化，甚至影响湖泊环境的演替和变化[95,96]。2017 年开始实施"点源污水零入海行动"，至 2019 年点源污水实现全部中水回用，不排入排干，大量削减化学需氧量、总氮、总磷、氨氮等污染物排放量，其中化学需氧量和总氮削减的排放量达到超排量的 49% 和 5.49%，使水中生物多样性有所恢复，叶绿素 a 含量减少，水体透明度降低。在水质及湖泊富营养化程度方面，乌梁素海湖泊健康状态有显著改善。对于水质改善方面来说，应制定适合寒旱区湖泊的治理方案，重视冬季冰封期水域的生态修复，严格控制冰封期污染入湖量，以满足污染物稀释和自净的基本要求，缓解乌梁素海湖泊富营养化和有机污染程度[95,96]。

在生物完整性方面，2019 年乌梁素海健康评价赋分值为 32.31 分，仍处于不健康状态。根据各评价指标的赋分状况，乌梁素海浮游植物密度和鱼类保有指数较差，2015 年乌梁素海浮游植物密度赋分值为 0，鱼类保有指数赋分值为 33.49 分。乌梁素海水体中营养物质过剩，部分水质指标超过水环境标准Ⅴ类标准，使得浮游植物快速增长。同时，乌梁素海在春季时期，大量的污染物排入湖中。在乌梁素海入湖区，水体较为浑浊，透明度较低，水下的光照程度较弱，充足的营养盐条件导致浮游植物密度快速上升，浮游植物密度数量过大。冬季水温低，透明度随冰层厚度的增加而降低，导致浮游植物种类单一化，物种密度增加，湖泊污染恶化严重[97]。而湖泊中挺水植物和沉水植物的腐烂也使得水中溶解氧含量下降，导致鱼类和底栖动物大量死亡。2018 年加大生态补水水量之后，水质显著改善，水体中营养盐浓度降低，浮游植物密度明显下降，浮游植物密度赋分值极大提高，从 16.94 分增加至 38.85 分。湖泊水量提升使水体中水生生物拥有了正常的生存条件，提高湖泊水生态系统功能，促进生态系统稳定。水文水资源状况的提高也会影响湖泊化学方面和生物方面的改善。2015 年至 2019 年乌梁素海湖泊物理完整性赋分值维持在 40 分左右，整体变化不大，其中湖泊连通指数和岸线自然状况赋分值在 75 分上下波动，部分湖岸带有轻微水土流失和土壤侵蚀现象，但总体较为稳定。湖泊面积萎缩比例在 2015 年至 2019 年的赋分值呈增加趋势，达到 82.08 分，说明乌梁素海湖泊的面积萎缩程度已得到有效控制。湖泊大面积萎缩主要是由对乌梁素海进行围湖造田、黄河入湖水量减少等原因导致的，相比于 1949 年前后，乌梁素海湖泊面积仍处于萎缩状态。

在社会服务功能方面，乌梁素海 2015 年至 2019 年湖泊赋分值为 44.59 ～ 62.32 分，在 2019 年乌梁素海湖泊社会服务功能达到健康状态。各评价指标均已到达非常健康的状态。近几年通过对乌梁素海湖泊治理，水生态环境得到有效改善，增强了湖泊生态系统的稳定性和生态功能[98]。湖区周边居民、管理人员等相关人员的生产生活环境明显改善，提高了居民的生活幸福指数，因此人们对乌梁素海现状比较满意[39,99]。由于乌梁素海湖泊水质、富营养化状态和水流条件的改善，同时在水源地水厂安装水处理设施，使得湖泊集中式饮用水水源地水质达标率在 2019 年达到 100%，水质已到达 Ⅳ 类标准。目前，乌梁素海生态治理取得明显成效，但部分生态环境问题仍存在不足，水质尚未稳定达标，对于湖岸水土流失程度、盐分积累、泥沙淤泥、湖泊富营养状况等问题需要进行更深层次的处理。

7.4 结论

本章利用层次分析法和熵权法确定了评价指标权重，计算得出准则层各指标的生态系统综合评价指数和乌梁素海综合健康指数，并对乌梁素海 2015 年至 2019 年生态系统健康状况进行评价。

①根据计算结果得出：在 2015 年至 2019 年，乌梁素海水文完整性综合健康指数分别为 29.20、29.14、29.83、30.04、30.36，其评价结果均处于不健康状态；物理完整性综合健康指数分别为 42.36、43.64、47.62、51.61、61.42，在物理完整性方面评价结果均为亚健康状态；化学完整性得分分别为 19.85、21.12、19.49、26.09、33.08，2015 年至 2019 年湖泊健康状态由病态转为不健康状态；生物完整性得分为 16.67、19.31、21.02、24.89、32.30，在生物完整性方面健康状态由病态转为不健康状态；社会服务功能方面得分为 42.83、43.68、56.75、56.81、61.90，其评价结果均处于亚健康状态。

②根据准则层 5 个方面和指标层 14 个评价指标的评价标准对乌梁素

海进行综合健康评价，最终计算得出乌梁素海 2015 年至 2019 年湖泊生态系统综合健康指数为 34.33、35.49、40.49、42.74、48.21，其综合健康指数呈现逐年增长的趋势，乌梁素海湖泊生态系统综合健康状态由不健康转为亚健康状态。

第 8 章　研究成果

以乌梁素海为研究对象，采用 2015 年至 2019 年生态环境数据，结合国内外相关研究成果和乌梁素海实际环境特征，基于 PSR 模型采用层次分析法和熵权法相结合的分析方法构建了 1 个目标层 5 个准则层 14 个指标层的乌梁素海湖泊生态系统健康评价指标体系。最终研究结果如下：

①对乌梁素海生态系统进行水环境质量评价。运用综合污染指数法和综合营养状况指数评价 2015 年至 2019 年乌梁素海生态健康状况，结果分析表明：乌梁素海 2015 年至 2018 年水质状态为 V 类，2019 年水质状态为 IV 类，部分水质指标仍存在超标现象。乌梁素海湖泊富营养化状态在 2015 年呈重度富营养化状态，2016 年至 2018 年湖泊为中度富营养化状态，2019 年湖泊营养状态为轻度富营养化状态，说明乌梁素海湖泊富营养化状态有所好转，湖泊沼泽化程度得到一定程度遏制，水质得到改善。

② 2018 年和 2019 年乌梁素海的浮游植物被鉴定出有 185 种，群落组成以绿藻门、硅藻门和蓝藻门为主，浮游植物群落结构属于绿—硅—蓝藻型；与以往的调查结果相比较，乌梁素海的浮游植物种类在减少，群落结构也在发生变化。受采样点温度、光照、降水、营养盐浓度在空间和时间变化的影响，浮游植物密度和生物多样性、优势种的数量在季节和区域性上存在不同。

③构建了乌梁素海生态系统健康评价指标体系。通过水文完整性、物理完整性、化学完整性、生物完整性和社会服务功能完整性 5 个方面，考虑评价指标选取的普适性和区域差异性，并结合乌梁素海的水文条件、水质状况和社会经济功能等特点，对指标层的 31 个指标进行筛选，最终筛

选出对乌梁素海湖泊具有敏感性的 14 个评价指标构建乌梁素海健康评价指标体系。

④对筛选出的 14 个指标当前的状况进行收集和调查，阐述各评价指标的内涵和计算方法，并根据评价标准对各评价指标进行赋分，通过对评价指标的归一化处理和组合赋权法计算乌梁素海准则层和指标层的权重，计算得到生态系统湖泊健康赋分值，对乌梁素海 2015 年至 2019 年进行健康等级划分，反映乌梁素海生态系统健康情况。

⑤结合历史资料调查和乌梁素海野外实测数据，确定各评估指标的现状值，运用层次分析法和熵权法计算得到乌梁素海水文完整性、物理完整性、化学完整性、生物完整性和社会服务功能完整性的权重分别为 0.156、0.057、0.172、0.212 和 0.403，并采用逐级加权综合健康指数法计算乌梁素海 2015 年至 2019 年湖泊健康赋分值分别为 34.33、35.49、40.49、42.74 和 48.21。其中，2015 年和 2016 年湖泊健康状态处于不健康状况，2017 年至 2019 年乌梁素海湖泊健康状态达到亚健康水平。湖泊生态系统健康评定为三类湖泊，说明乌梁素海湖泊健康在某些方面还存在缺陷和不足，应当提高乌梁素海湖泊的日常维护和监管力度，及时治理和修复局部缺陷，消除影响健康的隐患。

参考文献

[1] 王佳 . 瀛湖水生态系统健康评价及保护 [D]. 西安建筑科技大学 , 2014.

[2] 张婕 . 东居延海湿地生态系统健康评价及服务功能评估 [D]. 兰州大学 , 2018.

[3] 杨林 . 鲁湖生态系统健康评价及问题诊断 [D]. 湖北工业大学 , 2016.

[4] 姜忠峰 . 乌梁素海综合需水分析及生态系统健康评价 [D]. 内蒙古农业大学 , 2011.

[5] 全栋 , 张生 , 史小红 , 孙标 , 宋爽 , 郭子扬 . 环境因子对乌梁素海水体营养状态的影响 : 基于 2013-2018 年监测数据的分析 [J]. 湖泊科学 , 2020, 32(06): 1610–1619.

[6] 高闻一 . 乌梁素海水生生物多样性调查分析及健康评估 [D]. 内蒙古农业大学 , 2020.

[7] 李根东 , 梁勇 , 李亚飞 . 推进乌梁素海生态文化旅游产业发展的思考与对策 [J]. 内蒙古水利 , 2021(05): 48–49.

[8] 李佳 , 侯俊青 , 赵子闻 , 武琳慧 , 赵曼平 . 乌梁素海冰封期浮游藻类分布特征研究及水质评价 [J]. 环境科学与技术 , 2019, 42(09): 61–67.

[9] Schaeffer D J, Henricks E E, Kerster H W. Ecosystem health: Measuring ecosystem health[J]. Environmental Management, 1988, 12: 445–455.

[10] Rapport D J. What constitute ecosystem health?[J]. Perspectives in Biology and Medicine, 1989, 33: 120–132.

[11] Costonza R, Norton B G, Haskell B D. Ecosystem Health: New Goals for Environment Management[C]. Washington D C: Island Press, 1992, 239–256.

[12] Smith M J, Kay W R, Edward D H D, et al. AusRivAS: using macroinvertebrates to assess ecological condition of rivers in Western Australia[J]. Freshwater Biology, 1999, 41(2): 269–282.

[13] Karen M, Karin E, Robert A, Robert E. Long-term changes in ecosystem health of two Hudson Valley watersheds, New York, USA, 19362001[J]. Hydrobiologia. 2006, Vol. 571(No. 1): 313–327.

[14] Kane, Douglas D G, Steven I M, Charlton, Culver, David A. The Planktonic Index of Biotic Integrity (P-IBI): An approach for assessing lake ecosystem health[J]. Ecological Indicators. 2009, Vol. 9(No. 6): 1234–1247.

[15] Dave G M. Ecosystem health of Lake Vänern: Past, present and future research[J]. Aquatic Ecosystem Health & Management. 2015, Vol. 18(No. 2): 205–211.

[16] 周世会. 贵州高原河流水生态健康评价体系的建立及其在南明河中应用 [D]. 贵州师范大学, 2021.

[17] Ladson A R, White L J, Doolan J A, et al. Development and testing of an Index of Stream Condition for waterway management in Australia[J]. Freshwater Biology, 1999,41(2): 453–468.

[18] Sheldon F, Peterson E E, Boone E L, et al. Identifying the spatial scale of land use that most strongly influences overall river ecosystem health score[J]. Ecological Applications A Publication of the Ecological Society of America, 2012, 22(8): 2188–2203.

[19] 鞠永富. 小兴凯湖水生生物多样性及生态系统健康评价 [D]. 东北林业大学, 2017.

[20] 田伟东. 内蒙古乌梁素海湖泊健康评估 [D]. 内蒙古农业大学, 2016.

[21] 肖风劲, 欧阳华. 生态系统健康及其评价指标和方法 [J]. 自然资源学报, 2002(02): 203–209.

[22] 徐国宾, 任旺, 郭书英, 王乙震. 基于熵理论的湖泊生态系统健康发展评估 [J]. 中国环境科学, 2017, 37(02): 795–800.

[23] 蔡琨，秦春燕，李继影，张咏，牛志春，李旭文．基于浮游植物生物完整性指数的湖泊生态系统评价——以 2012 年冬季太湖为例 [J]. 生态学报，2016, 36(05): 1431–1441.

[24] 许文杰，曹升乐．基于 PSR- 熵权综合健康指数法的城市湖泊生态系统健康评价 [J]. 水文，2010, 30(05): 64–68.

[25] 张峰，杨俊，席建超，李雪铭，陈鹏．基于 DPSIRM 健康距离法的南四湖湖泊生态系统健康评价 [J]. 资源科学，2014, 36(04): 831–839.

[26] 李蕊蕊．湖泊型风景名胜区生态系统健康评价研究 [D]. 合肥工业大学，2019.

[27] 吴恒飞．青海湖流域生态系统健康评价研究 [D]. 青海师范大学，2021.

[28] 魏春凤．松花江干流河流健康评价研究 [D]. 中国科学院大学 (中国科学院东北地理与农业生态研究所), 2018.

[29] 孔红梅，赵景柱，马克明，张萍，姬兰柱，邓红兵，陆兆华．生态系统健康评价方法初探 [J]. 应用生态学报，2002(04): 486–490.

[30] 万芳．乌梁素海生态补水研究 [D]. 西安理工大学，2009.

[31] 冯丽红．乌梁素海生态健康评估 [D]. 内蒙古大学，2011.

[32] 胡鸿钧，魏印心，中国淡水藻类—系统、分类及生态 [M]. 北京：科学出版社，2006: 23–903.

[33] 周凤霞，陈剑虹．淡水微型生物图谱 [M]. 北京：化学工业出版，2005: 35–178.

[34] 魏复盛．水和废水监测分析方法 [M]. 北京：中国环境科学出版社，2002: 88–284.

[35] 孙天翊．白洋淀生态系统健康评价研究 [D]. 北京林业大学，2019.

[36] 师文孝，李埃富，刘丽霞，王成荣．利用黄河分凌减灾与生态补水联合调度为灌区水生态文明建设做贡献 [J]. 内蒙古水利，2017(03): 49–50.

[37] 关丽罡，赵天祺，崔晓东．内蒙古乌梁素海水质改善措施及成效 [J]. 水科学与工程技术，2021(05): 10–13.

[38] 冯湘云，李娇，白妙馨．乌梁素海流域污染来源分析 [J]. 科技创新与应

用 , 2015(14): 116–117.

[39] 金星 . 乌梁素海流域环境治理中地方政府履职问题研究 [D]. 内蒙古大学 , 2020.

[40] 张佳 . 生态文明视域下乌梁素海流域居民绿色消费意识提升路径 [J]. 农家参谋 , 2020(20): 155–156.

[41] 王紫丁 . 让 "塞外明珠" 绽放更美光华 [N]. 巴彦淖尔日报 (汉), 2022-03-29(001).

[42] 刘凯然 . 珠江口浮游植物生物多样性变化趋势 [D]. 大连 : 大连海事大学 , 2008.

[43] 李兴 , 张树礼 , 李畅游 , 等 . 乌梁素海浮游植物群落特征分析 [J]. 生态环境学报 , 2012, 21(11): 1865–1869.

[44] 李兴 , 李建茹 , 徐效清 , 等 . 乌梁素海浮游植物功能群季节演替规律及影响因子 [J]. 生态环境学报 , 2015, 24(10): 1668–1675.

[45] 孙鑫 , 李兴 , 李建茹 . 乌梁素海全季不同形态氮磷及浮游植物分布特征 [J]. 生态科学 , 2019, 38(01): 64–70.

[46] 李锋 . 二滩水库浮游植物群落结构与水环境因子时空变化及其相关性研究 [D]. 重庆 : 西南大学 , 2021.

[47] 巴秋爽 . 镜泊湖浮游植物多样性及环境相关性研究 [D]. 哈尔滨 : 哈尔滨师范大学 , 2017.

[48] 金相灿 , 屠清瑛 . 湖泊富营养化调查规范 [M]. 北京 : 中国环境科学出版社 , 1990: 301–302.

[49] 任旺 . 基于熵理论的湖泊生态系统健康评估体系研究 [D]. 天津大学 , 2016.

[50] 樊贤璐 , 徐国宾 . 基于生态—社会服务功能协调发展度的湖泊健康评价方法 [J]. 湖泊科学 , 2018, 30(05): 1225–1234.

[51] 贺方兵 . 东部浅水湖泊水生态系统健康状态评估研究 [D]. 重庆交通大学 , 2015.

[52] 李冰 , 杨桂山 , 万荣荣 . 湖泊生态系统健康评价方法研究进展 [J]. 水利

水电科技进展 , 2014, 34(06): 98–106.

[53] 吴琼，王莹，张青 . 河湖生态系统健康评价研究现状与展望 [J]. 中国资源综合利用 , 2021, 39(03): 131–133.

[54] 李云，李春明，王晓刚，谢忱，耿雷华，朱立俊，卞锦宇，王智源 . 河湖健康评价指标体系的构建与思考 [J]. 中国水利 , 2020(20): 4–7.

[55] 安贞煜 . 洞庭湖生态系统健康评价及其生态修复 [D]. 湖南大学 , 2007.

[56] 徐姗楠，陈作志，林琳，徐娇娇，李纯厚 . 大亚湾石化排污海域生态系统健康评价 [J]. 生态学报 , 2016, 36(05): 1421–1430.

[57] 胡益强 . 河湖生态系统健康评价研究现状与展望 [J]. 资源节约与环保 , 2019(05): 16–17.

[58] 赵思琪，代嫣然，王飞华，梁威 . 湖泊生态系统健康综合评价研究进展 [J]. 环境科学与技术 , 2018, 41(12): 98–104.

[59] 粟一帆，李卫明，艾志强，刘德富，朱澄浩，李金京，孙徐阳 . 汉江中下游生态系统健康评价指标体系构建及其应用 [J]. 生态学报 , 2019, 39(11): 3895–3907.

[60] 史国锋，张佳宁，姚林杰，赵艳云，丁勇，张庆 . 内蒙古草原生态系统健康评价体系构建——基于植被型、植被亚型、群系三个等级 [J/OL]. 内蒙古大学学报 (自然科学版): 1–11.

[61] 蒋衡，刘蓬，刘琳，朱家栋，仇梦璇，李海波，徐银 . 基于 PSR 模型的磁湖流域生态系统健康评价 [J]. 湖北大学学报 (自然科学版), 2021, 43(06): 661–666.

[62] 舒远琴，宋维峰，马建刚 . 哈尼梯田湿地生态系统健康评价指标体系构建 [J]. 生态学报 , 2021, 41(23): 9292–9304.

[63] 刘焱序，彭建，汪安，谢盼，韩忆楠 . 生态系统健康研究进展 [J]. 生态学报 , 2015, 35(18): 5920–5930.

[64] 王敏，谭娟，沙晨燕，王卿，阮俊杰，黄沈发 . 生态系统健康评价及指示物种评价法研究进展 [J]. 中国人口 · 资源与环境 , 2012, 22(S1): 69–72.

[65] Edwards, Clayton J A, Ryder, Richard A B, Marshall, Terry R B. Using lake

trout as a surrogate of ecosystem health for oligotrophicwaters of the Great Lakes[J]. Journal of Great Lakes Research. 1990, Vol.16(No.4): 591.

[66] 董婧, 卢少奇, 伍娟丽, 王子康, 王恒嘉, 徐菲. 基于微生物完整性指数的北京市城市河道生态系统健康评价 [J/OL]. 环境工程技术学报: 1-12.

[67] 林群, 袁伟, 单秀娟, 李忠义, 王俊. 莱州湾水域鱼类生物完整性评价 [J]. 水生态学杂志, 2021, 42(02): 101-106.

[68] 丁敬坤, 张雯雯, 李阳, 薛素燕, 李加琦, 蒋增杰, 方建光, 毛玉泽. 胶州湾底栖生态系统健康评价——基于大型底栖动物生态学特征 [J]. 渔业科学进展, 2020, 41(02): 20-26.

[69] 彭秋萍, 万莉莉, 田勇, 孙梦圆. 基于指标体系法的环境承载力评估研究综述 [J]. 航空计算技术, 2020, 50(04): 130-134.

[70] 汪海伦, 路明, 邹胜章, 申豪勇. 会仙岩溶湿地生态系统健康评价 [J]. 科学技术与工程, 2022, 22(08): 3380-3386.

[71] 杨颖, 郭志英, 潘恺, 王昌昆, 潘贤章. 基于生态系统多功能性的农田土壤健康评价 [J/OL]. 土壤学报: 1-18.

[72] 张柱. 河流健康综合评价指数法评价袁河水生态系统健康 [D]. 南昌大学, 2011.

[73] 吴苏舒, 高士佩, 胡晓东, 徐季雄. 基于熵权模糊综合评价法的白马湖生态系统健康评价 [J]. 江苏水利, 2018(07): 17-23.

[74] 马炳娜. 湖泊湿地生态系统健康评价 [D]. 华中师范大学, 2012.

[75] 詹诺, 彭锶淇, 廖维, 卢海涯, 黄卓男, 吴绮琦. 广州市典型湖泊生态系统健康评价 [J]. 亚热带水土保持, 2019, 31(04): 9-15+64.

[76] Pan Zhenzhen, He Jianhua, Liu Dianfeng, Wang Jianwei, Guo Xiaona. Ecosystem health assessment based on ecological integrity and ecosystem services demand in the Middle Reaches of the Yangtze River Economic Belt, China[J]. Science of the Total Environment, 2021, 774.

[77] Zhang Huayong, Duan Zhengda, Wang Zhongyu, Zhong Meifang, Tian Wang, Wang Hualin, Huang Hai. Freshwater lake ecosystem health

assessment and its response to pollution stresses based on planktonic index of biotic integrity[J]. Environmental Science and Pollution Research, 2019, 26(29).

[78] Ahn S R, Kim S J. Assessment of integrated watershed health based on the natural environment, hydrology, water quality, and aquatic ecology[J]. Hydrology & Earth System Sciences Discussions, 2017: 1–42.

[79] 吴易雯，李莹杰，张列宇，过龙根，李华，席北斗，王雷，李曹乐. 基于主客观赋权模糊综合评价法的湖泊水生态系统健康评价 [J]. 湖泊科学, 2017, 29(05): 1091–1102.

[80] 陈伟，夏建华. 综合主、客观权重信息的最优组合赋权方法 [J]. 数学的实践与认识, 2007, 37(001): 17–22.

[81] 陈星，许钦，何新玥，崔广柏，卢婉莹. 城市浅水湖泊生态系统健康与保护研究 [J]. 水资源保护, 2016, 32(02): 77–81.

[82] 李俊漫，卢敏，舒心，徐康，潘苏锋. 组合赋权法在节水灌区综合效益评价中的应用 [J]. 河南科学, 2019, 37(01): 70–77.

[83] 宋光兴，杨德礼. 基于决策者偏好及赋权法一致性的组合赋权法 [J]. 系统工程与电子技术, 2004(09): 1226–1230+1290.

[84] 袁昭，林姣，王晋. 基于主客观组合赋权法的即墨区饮用水源地水安全评价 [J]. 绿色科技, 2018(14): 78–80.

[85] 山成菊，董增川，樊孔明，杨江浩，刘晨，方庆. 组合赋权法在河流健康评价权重计算中的应用 [J]. 河海大学学报 (自然科学版), 2012, 40(06): 622–628.

[86] 潘峰，付强，梁川. 基于层次分析法的模糊综合评价在水环境质量评价中的应用 [J]. 东北水利水电, 2003(08): 22–24+56.

[87] 曾雯禹，王立权，李铁男，张柠. 基于层次分析法的倭肯河干流下游健康评估分析 [J]. 水利科技与经济, 2020, 26(08): 18–21+32.

[88] 张明月，王立权，赵文超，景梦园. 基于层析分析法的呼兰河健康评价研究 [J]. 水利科技与经济, 2021, 27(06): 37–40+47.

[89] 王佳，郭新超，薛旭东，孙长顺，王西锋，邓彦，张振文. 基于熵权综合健康指数法的瀛湖水生态系统健康评估 [J]. 中国环境监测，2014，30(05): 52-57.

[90] 邱苑华. 管理决策与应用熵学 [M]. 北京：机械工业出版社，2001: 32-86.

[91] 余波，黄成敏，陈林，黄正文. 基于熵权的巢湖水生态健康模糊综合评价 [J]. 四川环境，2010，29(06): 85-91.

[92] 闫文周，顾连胜. 熵权决策法在工程评标中的应用 [J]. 西安建筑科技大学学报（自然科学版），2004，36(1): 98-100.

[93] 张先起，梁川. 基于熵权的模糊物元模型在水质综合评价中的应用 [J]. 水利学报，2005(09): 1057-1061.

[94] 吴佳鹏，刘来胜，王启文，高继军. 城市湖泊生态健康评价指标体系研究 [J]. 水力发电，2020，46(03): 1-3+112.

[95] 宋爽. 冻融过程中乌梁素海湖泊水质变化特征研究 [D]. 内蒙古农业大学，2015.

[96] 蒋鑫艳. 乌梁素海近年来水环境治理效果及其变化特征分析 [D]. 内蒙古农业大学，2019.

[97] 李建茹，李畅游，李兴，史小红，李卫平，孙标，甄志磊. 乌梁素海浮游植物群落特征及其与环境因子的典范对应分析 [J]. 生态环境学报，2013，22(06): 1032-1040.

[98] 田野，冯启源，唐明方，郑拴宁，柳彩霞，吴迪，王丽娜. 基于生态系统评价的山水林田湖草生态保护与修复体系构建研究——以乌梁素海流域为例 [J]. 生态学报，2019，39(23): 8826-8836.

[99] 周瑜. 乌梁素海生态研究站指标体系的构建与健康评价 [D]. 内蒙古科技大学，2012.

[100] 毛旭锋，崔丽娟，张曼胤. 基于 PSR 模型的乌梁素海生态系统健康分区评价 [J]. 湖泊科学，2013，25(06): 950-958.

[101] 任可心，蒋祖斌，文刚，许航，陈兰英，肖娟. 基于水质与生物指标调

查的四川升钟湖水生态健康评价 [J]. 绿色科技 , 2020(22): 70–74.

[102] 庞珺 . 基于生态文明的干旱区湖泊湿地景观环境综合评价及改善对策研究 [D]. 山东农业大学 , 2014.

[103] Barker T, Fisher J. Ecosystem health as the basis for human health[J]. Water and Sanitation-Related Diseases and the Changing Environment. 2018: 245–270.

[104] Haworth L, Brunk C, Jennex D, Arai S. A dual-perspective model of agroecosystem health: system functions and system goals[J]. Journal of Agricultural&Environmental Ethics. 1997, 10(2): 127–152.

[105] Habel, Jan, Teucher, Mike, Ulrich, Wemer, Schmitt, Thomas. Documenting the chronology of ecosystem health erosion along East African rivers[J]. Remote Sensing in Ecology and Conservation. 2017, 4: 1–10.

[106] Bunn S E, Abal E G, Smith M J, Choy S C, Fellows C S, Harch B D, et al. Integration of science and monitoring of river ecosystem health to guide investments in catchment protection and rehabilitation[J]. Freshwater Biology. 2010: 223–240.

致　谢

本研究得到了国家自然科学基金项目（52160022）；中央引导地方科技发展资金项目（2020ZY0026）；内蒙古自治区自然科学基金项目（2020LH02008）；中国科学院"西部之光"人才培养计划项目；内蒙古自治区"草原英才"工程青年创新创业人才计划项目的联合资助，在此表示感谢。